Verständliche Wissenschaft

Vierter Band
Das fossile Lebewesen
Eine Einführung
in die Versteinerungskunde

Von

Edgar Dacqué

Berlin · Verlag von Julius Springer · 1928

ISBN-13: 978-3-642-89616-3   e-ISBN-13: 978-3-642-91473-7
DOI: 10.1007/978-3-642-91473-7

Softcover reprint of the hardcover 1st edition 1928

Inhaltsverzeichnis.

	Seite
I. Das Rohmaterial.	1
1. Die Versteinerung oder das Fossil	2
2. Der Erhaltungszustand des Fossilmaterials	14
3. Die Präparation und die Aufstellung.	43
II. Wissenschaftliche Paläontologie	63
1. Das Bestimmen der Fossilreste	65
2. Das Fossil als Zeitmarke	78
3. Das Lebensbild der fossilen Form	90
4. Die Verteilung der Lebensräume fossiler Formen	111
5. Epochen der Lebensentfaltung	132
6. Gesetzmäßigkeiten der Entwicklung	146
III. Schlußabschnitt.	167
1. Geschichtliches über die Versteinerungskunde	167
2. Erdgeschichtliche Zeittabelle, Überblick über die Entfaltung des Tier- und Pflanzenreiches	178
3. Zusammenfassende Bücher.	180
Sachverzeichnis	182

I. Das Rohmaterial.

Die Paläontologie (λόγος τῶν παλαιῶν ὄντων) oder die Lehre von den vorweltlichen Lebewesen, welche hier in ihren Grundzügen abgehandelt, in ihren Methoden und Ergebnissen dargestellt wird, zerfällt wie jede Wissenschaft in zwei grundsätzlich verschiedene Tätigkeitsbereiche: in die Beschaffung des Materials und in dessen geistige Verarbeitung. Der Naturforscher findet in der Umwelt die Gegenstände und Erscheinungen vor, sieht deren Veränderlichkeit und zieht daraus seine Schlüsse auf die Herkunft, auf das Werden, und Vergehen und auf die Gesetze, unter denen dies alles verläuft. Infolgedessen wird hier eine Darstellung des Rohmaterials als solchen und seiner Gewinnung gegeben; sodann wird die wissenschaftliche Verarbeitung und Ausbeutung gezeigt. Als letztes Ziel erstrebt die Paläontologie, die Gesetze der gesamten Lebensentwicklung zu ergründen, den Gang und die Ursachen derselben aufzudecken. In diese Absicht teilt sie sich mit ihren Schwesterwissenschaften Zoologie und Botanik. Da sie aber, wie jede Wissenschaft, selbst ein Werdendes und Gewordenes ist, so soll zuletzt auch der Entwicklungsgang, den sie selbst genommen hat, ihre Geschichte kurz verfolgt werden, aber nicht, um eine äußerliche Aufzählung von Namen und Werken zu geben, sondern um daran kurz die aus ihrer eigenen Logik sich ergebende Entwicklung der Probleme und Arbeitsrichtungen darzutun.

1. Die Versteinerung oder das Fossil.

Eine Versteinerung oder ein Fossil[1] ist ein im Erdboden von Natur aus begrabener Rest eines ehemaligen Lebewesens oder eines ihm zugehörigen Teiles, wobei die Substanz nicht mehr ursprünglich, sondern mineralisch verändert ist. Ein solcher Rest kann von einer Pflanze, einem Tier oder einem Menschen herrühren. Sein Alter tut zunächst nichts zur Sache.

Dem Erdgeschichtsforscher werden zuweilen Steine von sonderbarer Gestalt zugebracht, in denen der Finder allerlei versteinerte Tiere oder Teile von solchen zu sehen glaubt.

Abb. 1. Kugelige Zusammenballung von Kalk und Phosphat aus einem losen Sandstein. Verkl. (Original.)

Abb. 2. Kristallisiertes Vorkommen v. Schwefeleisen, eine Pflanze vortäuschend. Verkl. (Original.)

Da gibt es beispielsweise die knolligen und traubigen „Lößkindle", d. s. mechanisch-anorganische Zusammenballungen (Konkretionen) von Kalksubstanz in einem sandigen oder tonigen Muttergestein, die mit einiger Phantasie als fossile

[1] Vom latein. fodere, graben (fossum, das Vergrabene), also das, was im Boden vergraben liegt. Doch gebraucht die Altertumsforschung und auch die Anthropologie das Wort nicht für ihre Objekte, sondern man überläßt es konventionell der Versteinerungskunde.

Mäuse oder Vogelbälge oder auch als Nieren, Lungen und gelegentlich auch als versteinerte Frauenbrüste in das Museum eingeliefert werden. (Abb. 1.) Solchen Gebilden oder auch Früchten ähnlich sind auch Phosphat- oder Schwefeleisenkonkretionen, die vielfach in weichen Mergel- und Tongesteinen angetroffen werden und durch ihren strahlenförmigen inneren Kristallbau (Abb. 2) tatsächlich oft wie Pflanzenknollen oder Früchte erscheinen. Es ist auch schon vorgekommen, daß ein sonst verdienter Forscher einen flachgewölbten beinernen Westenknopf von einer Bauerntracht, den

Abb. 3. Wabige, zellige Struktur eines mit Kieseladern durchwachsenen, verwitterten Kalksteins. Verkl. (Original.)

Abb. 4. Ringförmige Niederschläge von Eisen-Manganlösung in Kalkstein, sog. Liesegangsche Ringe. Verkl. (Original.)

er auf dem Felde fand, als versteinerten Fischzahn beschrieb, weil es vorweltliche Fischzähne gibt, die solchen Knöpfen täuschend ähnlich sehen.

Nicht selten können auch Steinstücke mit wabiger Struktur für Knochenreste von Wirbeltieren gehalten werden; oder gebänderte Steine mögen gelegentlich einem Wirbeltierauge gleichen. Die ersteren (Abb. 3) entstehen dadurch, daß ein von ungleich harten, meist kieseligen Lagen durchzogener Kalk verwittert oder im Wasser des Flusses angeätzt wird, dabei wegen seiner ungleichen Härte den Zersetzungseinflüssen ungleich nachgibt, an vielen Stellen seiner Oberfläche verschieden stark auswittert und daher zuletzt unregelmäßig wabig erscheint. Die gebänderten Steine (Abb. 4) dagegen, etwa die Achate, verdanken ihre zonenförmige Gestaltung einem ehemaligen gelatinösen Zustand, aus dem sie hervorgingen, als das Gestein sich bildete und sich dabei nach bestimmten chemischen Ausfällungsgesetzen ring- und bandförmig anlagerte. „Furchensteine" endlich nennt man rillen- und länglich-höckerförmig von der Verwitterung oder von Wasserpflanzen angefressene Kalkgerölle an Seeufern oder ruhigen Flüssen, die äußerlich wie ein versteinertes Wirbeltiergehirn aussehen und zuweilen auch von Nichtkennern so gedeutet werden. Ein pflanzenähnliches Scheinfossil endlich sind die „Dendriten" (Abb. 5), deren verzweigtes moosartiges Aussehen von Eisensalzlösungen herrührt, die längs einer feinen Gesteinsspalte eindringen und sich in den kapillaren Räumen des Gesteinskornes seitwärts ästchenartig verteilen, wie wenn man auf ein Löschblatt einen dicken Tintenstrich gemacht hat.

Abb. 5. Auf einem Gesteinsspalt eingedrungene und von da moosartig verzweigte Eisensalzlösung, eine Pflanze vortäuschend. Verkl. (Original.)

Auch sehr geschickte Fälschungen von Fossilien treten mitunter im Handel auf (Abb. 6), ohne jedoch den wirklichen Kenner so täuschen zu können wie den alten Würzburger Professor Beringer, dem seine Studenten künstliche Versteinerungen (Spinnen, Nacktschnecken) in die Steinbrüche einschmuggelten, die er dann in einem großen Tafelwerk veröffentlichte, bis er eines Tages auf einem solchen Stück seinen Namenszug fossil mit auffand (Abb. 7).

Es lassen sich noch viele solcher anorganischer Naturgebilde aufzählen; aber sie alle scheiden von vornherein als Gegenstände einer wirklichen Versteinerungs- oder Fossilienkunde aus. Denn unter einer echten Versteinerung, einem echten Fossil versteht man ausschließlich einen Rest, der unbedingt auf einen ehedem lebenden Organismus zurück-

Abb. 6. Gefälschtes Fossil. Trilobitenkrebs, künstl. zusammengesetzt aus einem Kopfschild und einem Schwanzschild; die Mittelpartie fehlt. Verkl. (Original.)

Abb. 7. Lügenstein aus der Sammlung des Prof. Beringer. Künstlich hergestelltes Insekt. Verkl. (Original.)

geht, sei es, daß er als Körpersubstanz noch ganz oder teilweise vorliegt, sei es daß er nur als Abdruck oder gar nur als Fuß- und Kriechspur eines ehemaligen Lebewesens erscheint.

Nur in einem einzigen Fall erleidet diese Definition eine Ausnahme: bei Kunstprodukten des Urmenschen. Die bisher bekanntgewordenen ältesten Überreste des Vorzeitmenschen sind nämlich nicht Skelette oder Skeletteile, sondern Feuersteinsplitter, die er als Werkzeuge benützte. Es scheint, daß es früher einmal (eiszeitliche oder voreiszeitliche) Menschen gab, die ihre Steinwerkzeuge nicht einmal selbst zurichteten, sondern sich der von der Natur auch jetzt noch aus hartem Feuerstein geschaffenen Absprengsplitter bedienten. Bei einigen solchen Feuersteinfunden besteht heute noch der wissenschaftliche Streit, ob es lediglich anorganische Naturgebilde sind und als solche von Anfang an unberührt dalagen, oder ob sie von jenem Frühmenschen, wenn auch nur zufällig und vorübergehend, zur Hand genommen, kurz benützt und wieder weggeworfen wurden. Wäre dies auch nur einen Augenblick der Fall gewesen, dann müßten wir solche Feuersteinsplitter als „Fossilien" im Sinne organischer Herkunft bzw. Verarbeitung ansehen; denn sie dokumentierten uns dann ebenso wie eine Fußspur oder ein Körperabdruck die Anwesenheit und die Herkunft von einem früheren Lebewesen. Von den *fossilen Resten des Menschen* aber sehen wir im folgenden ganz ab; ihre Darstellung und Verwertung ist Sache einer anderen Spezialwissenschaft, der Anthropologie, die sich von der eigentlichen Fossilien- oder Versteinerungskunde abgetrennt hat.

Was ist aber nun in dem engeren Sinne eine echte Versteinerung, ein echtes Fossil? Wie kommt oder kam es zustande, und was muß es für Eigenschaften aufweisen, um ein solches zu sein? Statt allgemeiner Definitionen ein Beispiel. Die Flüsse bringen seit Jahrtausenden ununterbrochen allerhand Materialien, Sand, Geröll, Tonschlamm in die Seen hinein, die allmählich zugeschüttet werden. In den Seen leben Fische, Muscheln, Krebse, Würmer; an den Rändern und auf den Inseln stehen Pflanzen, und es wächst Schilf. Im Lauf der Zeit und mit der fortschreitenden Zuschüttung geraten die Reste der absterbenden Tiere und Pflanzen in die Aufschichtungen des allmählich verlandenden Sees. Legen wir in einem solchen Aufschüttungsgebiet Kies- oder Sand- und Tongruben an, so finden wir darin die Reste von Tieren und Pflanzen, die zur Zeit der Aufschüttung in und an dem See lebten. Die Holzstämme und Pflanzen werden teilweise verkohlt oder vermoort, die Muschelschalen brüchig oder zerfallen sein; aber hin und wieder finden sich von alledem gute Stücke und Teile, aus denen wir nun ablesen können, was für Arten in dem See lebten, als seine Zuschüttung vor sich ging.

Was hier von den Seen als einem speziellen Fall eines irdischen Ablagerungsbezirkes gesagt ist, gilt aber auch von anderen Lebensräumen. So vor allem von den küstennahen Meeren und Meeresbecken. Immerfort ergießt sich vom Lande und der abbröckelnden Küste her ein Materialstrom in diese Regionen und setzt sich unter Wasser ab; die groben Materialien mehr am Rand in der Brandungszone, die feineren weiter draußen. Häufig ist das Tierleben dort so reich, daß ganze Ansammlungen abgestorbener Schalen und Schalentrümmer entstehen und die Aufschichtungen stellenweise nur aus solchen zusammengesetzt sind.

Ein anderes Ablagerungsgebiet sind die unbedeckten Flächen der Wüsten, wo durch den Wind die Sand- und Staubmassen zusammengeweht werden. An den wasserreicheren Stellen sammelt sich Pflanzenwuchs an, auch Tierherden kommen dorthin zur Tränke. Gehen sie im Wüstensand zugrunde, oder schwemmen plötzlich einsetzende kurzfristige Regengüsse das Material zusammen, so können Tiere und Pflanzen auf solche Weise in die Erde eingebettet und ihre Skelette unter geeigneten Umständen fossil werden. Ähnliches mag sich auch ereignen bei ausgedehnten Staub- und Aschenfällen in Vulkangebieten.

Doch mit dem soeben Angedeuteten haben wir erst den Beginn des Versteinerungsvorganges verfolgt. Damit eingebettete organische Reste zu „echten" Fossilien im Sinne eines erdgeschichtlichen und lebensgeschichtlichen Dokumentes werden, muß noch ein weiteres hinzukommen: die Ummineralisierung, d. h. eine chemisch-physikalische Verwandlung der ursprünglichen Körpersubstanz in eine ihr mineralisch imprägnierte oder durch sonstige Umsetzungen ihr erteilte andere Stofflichkeit. Dazu gehört aber immerhin eine gewisse Zeit, die viele Jahrtausende und noch mehr betragen kann. Ist aber der Ummineralisierungsprozeß, also der eigentliche Fossilisationsvorgang beendet, dann hat sich inzwischen auch in der Umwelt, sowohl in der physikalischen wie in der biologischen, eine Änderung vollzogen, der gegenüber nun die Zeit der ersten Einbettung des Fossilrestes als „vorzeitlich" oder „vorweltlich" gelten kann. Eine echte Versteinerung, ein echtes Fossil ist also nicht bloß ein in den Boden eingebetteter organischer Rest, sondern zugleich auch ein in seiner Körperlichkeit umgewandelter, sowie aus anderen Zeit- und Umweltverhältnissen stammender, also *urzeitlicher Rest*, der durch sein Vorkommen auf frühere, oft sehr andersartige Lebens- und Umweltverhältnisse deutet. Wenn wir daher etwa in kalkreichen Quellen heutiger Zeit gelegentlich Kalkkrusten- und Kalktuffabsätze finden, die sich aus dem verdunstenden Wasser wie Kesselstein niederschlagen, und wenn wir in diesen Tuffen nun mineralische Versinterungen von Pflanzen (Abb. 8), Konchylien oder Vogelnestern mit Eiern finden, so sind auch das — obwohl mineralisierten Lebewesen zugehörig — dennoch im urgeschichtlichen Sinn keine Versteinerungen oder Fossilien, also keine Vorzeitdokumente, sondern bloß Beispiele dafür, wie gelegentlich ein organischer Rest beginnen könnte, fossil zu werden.

Abb. 8. Blattabdruck in einem Kalksinter aus Oberitalien. Verkl. (Original.)

Wir haben also zu fragen, wo und auf welche Art die echten Versteinerungen oder Fossilien zustande gekommen sind, die wir allerorts ausgraben oder aus den Schichtungen der Erde herausgewittert finden. Dazu müssen wir uns aber über bestimmte erdgeschichtliche Voraussetzungen klar werden.

Zahllose Lebewesen sind im Lauf der erdgeschichtlichen Epochen schon über die Oberfläche unseres Planeten dahingegangen. Seit Jahrmillionen ist das Antlitz der Erde teils unwesentlichen, teils tiefgreifenden Veränderungen unterworfen; langsame Umprägung und Entwicklung hat mit stärkeren und stärksten Erschütterungen und Umstürzen gewechselt, und dies sowohl in der Geschichte des Erdbodens selbst wie in der Geschichte des Lebens. Dieser Naturprozeß hat offenbar auch heute noch keinen Abschluß gefunden. Einwirkungen von außen, zunächst aus der Atmosphäre, auch aus dem Weltraum, aber auch vom Erdinnern her sind es, denen die Erdrinde seit ihrem Bestehen unterliegt und denen sie ihren Aufbau wie ihr Relief verdankt.

Niederschläge, fließendes Wasser, Eis, Wind, Temperaturunterschiede, teilweise auch Organismen zersetzen und zerfurchen, sprengen und zerstören alles feste Gestein, verändern es, lagern es um, erniedrigen die Höhen und schütten das weggeführte Material in Niederungen wieder auf, kurz, sie streben danach, aus dem reichgegliederten Erdrelief eine Fastebene zu machen. Trotzdem aber durch Jahrmillionen diese ausgleichenden Kräfte am Werke sind, ist es ihnen, wie wir wahrnehmen, nicht gelungen, das reichgegliederte und stellenweise so tief gefurchte Antlitz der Erde zu glätten und zu einem langweiligen Einerlei umzugestalten. Noch immer gibt es gewaltige Höhen, wie die Alpen; noch immer brechen wieder die Schlünde der Vulkane auf und bauen neue Berge; noch immer gibt es tiefe Talschluchten, gibt es zwischen Bergen sich hinziehende Stromtäler mit eilenden Flüssen, was alles zeigt, wie wenig der Flächenausgleich durch jene Kräfte noch erreicht worden ist. Es steht somit der Wirksamkeit aller ausgleichenden Vorgänge eine andere Gewalt entgegen, die sich durch die Herausarbeitung immer neuer Höhenunterschiede, immer neuer Einbrüche oder Emporwölbungen, ja zeitweise durch Emporfalten von Alpengebirgen äußert und so immer wieder verjüngt, was schon altern wollte, immer wieder Anlaß gibt, daß der Kreislauf des Wassers, daß die zernagende und zersetzende Tätigkeit der Atmosphäre nie zu ihrem Endziel, nie zur Einebnung der ganzen Erdoberfläche gelangen. Jene auftürmende Gewalt hat wahrscheinlich ihren Ursprung in Umsetzungen des Erdinnern und äußert sich bald in langsamen

Bewegungen der Erdrinde, bald in revolutionären Umsetzungen des Erdgerüstes.

Wir wissen noch nicht, inwieweit auch Kräfte des Weltraumes bei dieser unendlichen Umgestaltung der Erdrinde und der Erdoberfläche mitgewirkt haben. Zwar kennen wir sehr wohl den Einfluß des Mondumlaufes auf unser Weltmeer, wo eine sechsstündige Ebbe und Flut die Wasser auf und nieder steigen läßt; wir kennen nur allzu gut den Einfluß der Sonne auf unser Klima und auf die tägliche Wettergestaltung und damit auch auf die Veränderung der Erdoberfläche; wir wissen, daß Meteorsteine und Meteoreisen aus dem Weltraum zu uns gelangen, und daß auch kosmischer Staub niedergeht; aber wir sind noch ganz im unklaren darüber, ob sich etwa größere, gelegentlich trabantenartig umlaufende Weltkörper im Lauf der erdgeschichtlichen Vergangenheit mit unserer Erde vereinigt haben; ob sie aufgelöst und in den Kreislauf der Stoffe auf unserem Planeten miteinbezogen wurden; ob andere Gestirnkonstellationen im Sonnensytem oder das Hereinkommen fremder Weltkörper Bahn und Lauf der Erde und ihrer Geschwister, die Lage der Drehungsachse gewaltsam beeinflußten und so etwa Anlaß zu neuen Umsetzungen im Erdkörper selbst, also Anlaß zu starken Vulkanausbrüchen, zu Krustenverschiebungen und Gebirgsbildungen oder gar zu katastrophalen Meeres- oder Sintfluten gaben. Unwahrscheinlich ist es nicht. Soweit wir es überblicken können, ist aber die Erde in jenen Jahrmillionen, die für unsere Betrachtung in Frage stehen, niemals so tief katastrophal verändert worden, daß wir eine völlige Unterbrechung des Wasserkreislaufs, der Verwitterung, der Stoffumlagerung, der Abtragung und Auffüllung sowie der allmählichen oder rascheren Krustenverschiebungen und Gebirgsbildung oder gar der Lebensentwicklung annehmen müßten. Die Verteilung von Wasser und Land, von Trockenflächen und Meeren änderte sich somit ununterbrochen seit undenklichen Zeiten. Was durch Abtragung dem Lande geraubt, was von Flüssen in die tiefer gelegenen Teile der Erdoberfläche verbracht wurde, ist großenteils zuletzt in die Meere hinausgeschüttet worden. Dort häufte es sich, ebensowie in Seen oder breiten Flußniederungen, schichtenweise auf, bald regelmäßig, bald unregelmäßig wechselnd.

Man wird sich darüber klar sein, daß solche Schichtbildungen im Meer oder in einem großen See von einer Unzahl verschiedener Bedingungen abhängig sein müssen. Zuerst von dem Umlauf des fließenden Wassers auf dem Lande und von seiner Transportkraft. Diese hängt wieder ab von den Niederschlags- und Gefällsverhältnissen im Lande. Das Material, das dem Lande entzogen wird, ist mannigfaltig: dort besteht ein Gebirgsland, das abgetragen wird, vorwiegend aus Kalk; anderswo aus Granit. Im einen Fall werden die Flüsse vornehmlich Kalkschlamm, im anderen Fall verwitterten Granitgrus, also vornehmlich Sand beibringen. Mit der Zeit ändern sich die Flußläufe, es ändern sich die Klimaverhältnisse; das Land ist durch die fortdauernde Abtragung niedriger geworden. Infolge der Wirksamkeit der inneren Erdkräfte entstehen inzwischen anderswo Erhebungen, die nun wieder mittelbar oder unmittelbar anderwärts die Aufschüttung beeinflussen. Das Meeresgebiet, wo hinein das Material bisher transportiert wurde, verlegt seine Grenzen — und was dergleichen Dinge mehr sind. Man stelle es sich so mannigfaltig wie möglich vor; man bringe entsprechend große Zeiträume mit in Ansatz: so wird man sich eine Vorstellung machen können von den verwickelten Bedingungen, wodurch eine Schichtung und ihr wechselndes Gesicht (Fazies) zustande kommt und auch in vorweltlichen Zeiten zustande gekommen ist.

Daraus aber ergibt sich, daß uns die aus der Vorzeit in der Erdkruste aufbewahrten, diese zusammensetzenden Schichtungen und Gesteine auch zu Merkzeichen für das werden, was sich wechselnd auf der Erde abspielte. Liegen aber in diesen Schichten Versteinerungen, so bieten diese einen Einblick in die Lebensbedingungen und in die Zusammensetzung der Tier- und Pflanzenwelten (Fauna und Flora) früherer Epochen. Und so wird uns die Erdkruste zu einem, wenn auch vielfach zerknitterten und gestörten, in der Reihenfolge seiner Blätter oft zerrissenen und durcheinandergeworfenen Buch, aus dem wir aber die Geschichte der Erde und des Lebens dennoch schließlich abzulesen vermögen. Nur gilt es, in dieses Wirrnis Ordnung zu bringen.

Wie also heute auf der Erdoberfläche vielerlei geschieht, wie nicht nur abgetragenes Gesteinsmaterial von den Ländern in die Meere hereingerafft wird, sondern wie auch auf dem Lande hier ein Fluß sich ausbreitet und seine Kies- und Sandbänke über Ebenen und weite Flußniederungen breitet, oder wie anderwärts ein Torfmoor im Lauf der Jahrhunderte durch Vermoderung der Pflanzen wächst, wie in den von Vegetation unbedeckten Wüsten und wüstenartigen Gebieten der Wind ungeheure Sandmassen aufhäuft und sie anderswo wegfegt, wie sich an den Hängen der Gebirge breite Schuttkegel bilden, wie die Gletscher ihre Schuttmassen und Moränen ablagern, oder wie in der Tiefsee Milliarden und aber Milliarden Tierschälchen zu Boden sinken und durch die Jahrtausende den Kalk- und Kieselschlick dort aufhäufen, so war es stets auch in den Zeiten der Vorwelt, in früheren Jahrhunderttausenden und Jahrmillionen. Nie hat dieses Wechselspiel eine Unterbrechung erfahren; rastlos hat die Erde ihre Atemzüge getan, immerzu hat sich Meeresboden gehoben und anderswo abgesenkt; immer sind Länder langsamer oder rascher abgetragen worden, versunken, vom Meer bedeckt worden, während anderswo Meeresböden emporstiegen und zu festem Land oder gar zu Hochgebirgen wurden. Das, alles in allem zusammengefaßt, heißt immerwährende Veränderung der Oberfläche unseres Planeten; heißt, auf eine kurze Formel gebracht: Ablauf der Erdgeschichte.

Und auf dieser stets ihre äußeren Züge wechselnden Erde hat nun, bis in die grauseste Vergangenheit zurück, Leben gewohnt. Immer war, wenigstens bis in sehr frühe Zeiten zurück, der Boden des festen Landes, der Boden des Meeres, das Wasser der Flüsse, Seen und Meere von Pflanzen und Tiergeschlechtern besiedelt. Die Heimstätten des Lebens haben sich immerfort geändert. Das Klima hat sich geändert, die Gestalt der Festländer, die Höhen der Berge, die Tiefen der Meere. Wo vor Jahrtausenden ein mildes Klima herrschte, breitete sich später eine tropische Wüste oder ein Gletschergebiet aus, und umgekehrt; wo zuvor an Meeresrändern weit ausgedehnte Sumpfwälder standen mit üppiger Vegetation, die verkohlte und vermoorte, faltete sich später ein Gebirge auf, wurde dann in Jahrtausenden wieder abgetragen, um wieder zum Boden eines hereindringenden späteren Meeres zu werden, in dem sich neuerdings Schichtung um Schichtung aufhäufte. Und in all diesem Wechsel seines weiten und engsten Wohngebietes änderte sich das Leben und seine Formen, prägte es sich um, starb es aus, erschien es in neuer Gestalt wieder. Viele Reste und Spuren des Lebens sind uns darum in den Aufschüttungen und Schichtungen aus vorweltlichen Zeiten, durchsetzt von Mineralisierungsstoffen, überliefert. Und diese Spuren, seien sie vollständig oder zertrümmert, klar kenntlich oder undeutlich, nennen wir *Versteinerungen* oder *Fossilien*.

Es ist klar, daß wir diese überall finden können. Denn überall hat irgendwann einmal vereinzelt oder in Menge, selten oder in ununterbrochener Folge und Mannigfaltigkeit Leben existiert. Und da die ganze Erdrinde das Ergebnis aller Veränderungen und Materialumsetzungen ist, die sie selbst während der vorweltlichen Zeiten durchgemacht hat, so müßten eigentlich überall vorweltliche Lebensspuren, Fossilien zu finden sein. Nur wird man sie nicht erwarten dürfen in Gesteinen, die einmal durch vulkanische Gewalten glutflüssig aus dem Erdinnern hervorbrachen und hier erst erstarrten. Selbst wenn vulkanische Massen über die Wohnstätten des Lebens einmal dahingingen und Lebensflächen zudeckten, so müßten sie dabei doch alles verbrannt, vernichtet, eingeschmolzen haben, was ihnen begegnete, so daß wir in Gesteinen wie Granit, Basalt, Porphyr, Melaphyr u. a. niemals Reste vorweltlichen Lebens finden können. Wohl aber ist es in der Erdgeschichte vorgekommen, daß, ähnlich wie beim Untergang von Pompeji und Herkulanum, Vorweltvulkane ungeheuere Aschen- und Staubmassen über weite Flächen, Seen und Landgebiete durch die Lüfte hinschütteten und in diesen, meistens von Regenschauern begleiteten und durchtränkten Aschenlagern uns ein reiches Tierleben fossil überliefert haben. Aber das sind seltenere Ausnahmen, wenn auch stellenweise bedeutend und mächtig entwickelt. Dagegen dürfen wir hoffen — und es ist auch so — in allen Schichtungen, die durch fließendes oder stehendes Wasser erzeugt wurden, also in Fluß-, See- und Meeresablagerungen früherer Epochen reichlich fossile Tier- und Pflanzenreste zu finden. Es ist nun eine grundlegende Tatsache und für die Erschließung der Geschichte der Erde und des Lebens von entscheidender Bedeutung, daß ein großer Teil aller unserer heutigen Länder aus Meeresschichtungen früherer Epochen zusammengesetzt ist. Viele alte Meeresböden liegen gehoben oder zusammengefaltet und durch die äußeren abtragenden atmosphärischen Kräfte zerschnitten unmittelbar vor uns. Wir bewegen uns sozusagen mitten in ihnen, durchwandern sie in den Gebirgen, legen unsere Straßen und Bahnen durch sie hindurch, reißen sie mit unseren Steinbrüchen auf, gewinnen so Einblick in ihre Schichtenfolge und finden darin die Fossilien, die sie uns als *Zeugen urweltlichen Lebens* aufbewahrt haben. Da sich, wie heute, ebenso auch in allen früheren Zeiten die Tier- und Pflanzenreste in den Meeresschichtungen besser erhielten als in den Aufschüttungen unter freier Luft und auf dem festen Lande, weil in den Meeren meistens nicht soviel Zeit zum Zerfall der Hartteile, Knochen und Schalen blieb, so sind wir im allgemeinen über das vorweltliche Meeresleben besser und gründlicher unterrichtet, als über das vorweltliche Leben auf den Ländern. Und dies gilt vornehmlich für die älteren erdgeschichtlichen Zeiten.

2. Der Erhaltungszustand des Fossilmaterials.

Von den vorweltlichen Organismen liegen uns grundsätzlich zunächst nur Hartteile vor, weil die Weichteile bei ihrer Einbettung verwesen mußten, als die Tiere bei oder nach ihrem Tod in die sich niederschlagenden Sedimente eingebettet wurden. Von den niederen Tieren, den sogenannten wirbellosen, also den Muscheln, Schnecken, Armfüßlern, Korallen, seltener schon von den Krebsen und Insekten, sind meistens die ganzen Schalen und Panzer im Zusammenhang erhalten, wenn ihnen auch oft die feineren Skulpturteile, wie besonders Stacheln, fehlen. Auch von den höheren Tieren, den Wirbeltieren, finden sich gelegentlich ganze Skelette; so besonders von Fischen und kleinen Amphibien und Echsen, wobei die Fische, deren Hautschuppen auch oftmals erhalten sind, gewöhnlich plattgedrückt erscheinen. Sonst aber sind die Skelette der Wirbeltiere, besonders der größeren, meistens zerstreut und zerbrochen (Abb. 9), so daß man viele Gattungen oft nur aus einzelnen oder wenigen Teilen ihres Skelettes, zuweilen auch nur aus den besonders leicht fossil werdenden

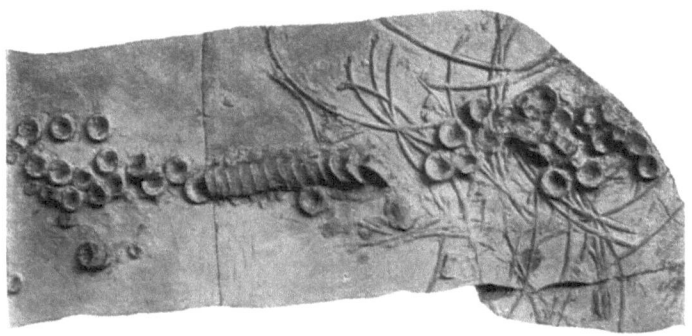

Abb. 9. Zerfetztes Skelett (Wirbelsäule und Rippen) einer Fischechse aus der Juraformation in Franken (vgl. Abb. 33, S. 53). Verkl. (Original.)

Zähnen kennt. Sind die Zähne und die einzeln gefundenen Knochen für den Bau des Tieres charakteristisch, so läßt sich nach den Gesetzen der vergleichenden Anatomie auch das übrige Skelett ganz oder teilweise ergänzen. Dennoch bleibt die Tatsache bestehen, daß es die Paläontologie wesentlich mit einzelnen Hartteilen und Trümmern von solchen zu tun hat.

Es gibt ein Mittelding zwischen kalkigen und kieseligen Hartteilen einerseits, sowie reinen Weichteilen andererseits. Das ist die Knorpelsubstanz und das Chitin; erstere bei unverknöcherten Wirbeltieren als Skelettmaterial entwickelt, letzteres als Hornmasse der Insekten-, Krebs- und mancher Konchylienschalen. Die Knorpelsubstanz ist zwar hinsichtlich ihrer fossilen Erhaltbarkeit nur den Weichteilen gleichzusetzen, aber da sie etwas widerstandsfähiger ist, so liefert sie meistens gute Abdrücke oder kann sogar mineralisiert und so fossil eher überliefert werden. Die Chitin- oder Hornsubstanz ist gleicher Art; da sie jedoch häufig schon beim lebenden Organismus kalkig imprägniert ist, so kann sie fossil werden. Auch die sogenannte Chagrinhaut mancher Haifischarten gehört hierzu. Hornsubstanz kann auch, ähnlich wie Pflanzenkörper, verkohlen.

Abb. 10. Leiche eines Eiszeitelefanten (Mammut) aus dem sibirischen Bodeneis. (Nach Hertz, aus Lull 1910.)

Nur in seltenen Fällen sind uns die Umrisse und Abdrücke des Körpers vorweltlicher Tiere oder ihrer einzelnen Organe überliefert. Feine Ton- und Kalkschiefer, wie die sehr alten Mount Stephenschiefer im westlichen Nordamerika (vgl. S. 40), oder die schwarzen Liasschiefer in Mittel- und Westeuropa, die hellen Lithographenkalke von Süddeutschland (vgl. S. 17), die Tonschiefer der alten Steinkohlenlager u. dgl. sind Schichten verschiedener Zeitalter, in denen durch besonders glückliche Umstände gelegentlich auch die feinsten Körperabdrücke, selbst von ganz durchscheinenden, völlig skelettlosen Tieren und auch von Pflanzen, ja sogar Mineralisierungen von Haut und Muskelsubstanz erhalten sind, und die uns damit einen Einblick in eine fossile Tierwelt bieten, wie er gewöhnlich versagt bleibt. Wenn dann vollends, wie im sibirischen Steineis, uns aus der Eiszeit noch die Mammut- und Rhinozerosleichen wie natürliches Gefrierfleisch (Abb. 10) erhalten geblieben sind, oder die Insektenkörper im Bernsteinharz (Abb. 11) der noch älteren (tertiärzeitlichen) Bernsteinwälder, so sind das allerdings so seltene Ausnahmen, daß der Paläontologe praktisch mit solcher Überlieferungsart nicht rechnen kann.

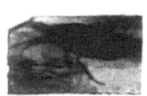

Abb. 11. Insekt in Bernstein. Ostpreußen. Nat. Gr. (Original.)

In den weitaus meisten Fällen fossiler Überlieferung haben wir es also mit den chemisch und physikalisch mehr oder weniger veränderten Hartteilen zu tun, und wesentlich sind uns nur Kalk- und Kieselgerüste, Knochen und Zähne, Hautplatten und Schuppen erhalten. Daraus aber folgt, daß wir als Vorweltforscher im allgemeinen nur von solchen Tieren fossile Überreste erwarten dürfen, welche Hartgebilde als Außen- oder Innenskelett besaßen. Es scheiden aus unserer Betrachtung so gut wie völlig nicht nur die schalen- und skelettfreien Tiere aus, sondern auch die weichhäutigen Larven und die frühesten knochen- und schalenlosen Entwicklungsstadien der skelettragenden Tiere selbst. Aber auch die Hartgebilde selbst liegen nicht immer in der wünschenswerten Klarheit und Vollständigkeit ihres ursprünglichen Zustandes vor; denn sie haben ja, wie wir schon hörten, mannigfache Veränderungen während des Fossilisierungszustandes erlitten, wodurch ihre Form und Struktur oft wesentliche Verzerrungen und „Fälschungen" erlitten hat. Den Vorgang der Umwandlung nennt man *Diagenese*, dem nicht nur die Fossilien selbst, sondern auch die Schichtgesteine, in denen sie eingebettet sind, unterlagen.

Eine besondere Art des Auftretens, wie der Erhaltung von Fossilien auf ursprünglicher und sekundärer Lagerstätte bieten die weltberühmten lithographischen Kalkschiefer von Franken. Dort war zu Ende der Jurazeit ein Meer, das langsam verlandete, indem sich teils Koralleninseln heraushoben, teils das Meer selbst flacher wurde, so daß Lagunen entstanden, in welche von den umliegenden Inseln und Trockenflächen teils durch den Wind, teils durch zeitweise überquellende Fluten feinster Kalkschlamm hereingebracht wurde. Mit den Fluten kamen Meerestiere herein, die in dem Schlamm rasch erstickten; vom Land her brachten die Stürme Insekten (Abb. 12) und andere, höhere Tiere, besonders merkwürdige Flugechsen (Abb. 14) herein. Das alles wurde zu verschiedenen Zeiten, manchmal auch gleichzeitig eingebettet, und so haben

Abb. 12. Abdruck und zarte Flügelhäute einer Libelle aus den Lithographenkalken von Franken. Verkl. (Original.)

Abb. 13. Abdruck der Unterseite einer Qualle aus den Lithographenkalken von Franken. Stark verkl. (Original.)

wir in den Lithographenkalken eine etwa 5o m mächtige plattige Schichtserie mit allerhand höchst seltenen Land- und Meerestieren, deren Umrisse und Weichteile (Abb. 13) oftmals mit größter Feinheit in dem zarten Kalk abgedrückt erscheinen. Von besonderem Interesse dabei ist, daß manche Tiere noch lebten, als sie in die Schlammschichten eingebettet wurden. Wahrscheinlich war der Schlamm zäh, und so konnten Kriechspuren erhalten bleiben, die eine Bahn durch das Ge-

Abb. 14. Hautabdrücke einer Flügelspitze und des Schwanzsteuers einer Flugechse (vgl. Abb. 76, S. 141) aus den Lithographenkalken von Franken. Verkl. (Original.)

stein bilden und an deren Ende sich das eben sterbende Tier befindet (Abb. 19).

Oftmals läßt sich nicht scheiden zwischen dem Begriff einer unkatastrophalen und einer katastrophalen Entstehung von Fossillagern. Hier seien einige Fälle erwähnt, in denen beides ineinander spielte. So bestand in der unteren Hälfte der Jurazeit (Lias) in Württemberg ein Meeresraum, der, wie das Schwarze Meer, keine tiefe Verbindung mit dem freien Meer hatte. Infolgedessen sammelte sich dort in den unteren Wasserschichten ein mulmiges, schwefelhaltiges, schwereres Wasser ohne Lüftung, also ohne Sauerstoffgehalt an. Tierleben konnte darin kaum gedeihen; es beschränkte sich auf die obere Wasserzone. Sobald nun die Tiere starben und heruntersanken, wurden sie bei rasch vor sich gehender Sedimentation, d. h. Absetzung der mineralischen Teilchen am Boden, bald fossil, und zwar hier besonders Wirbeltiere, wie Fische und Fischsaurier (Abb. 33, S. 53). Denn in den vergifteten tieferen Zonen lebten keine Aasfresser, die herabsinkenden Kadaver wurden also nicht durch Tiere zerstört; sie verwesten bloß, wenn sie nicht bald eingedeckt wurden. So sind sie schichtenweise sehr angereichert, während sie in manchen Lagen der Sedimentfolge fehlen. Es ist bezeichnend, daß Bodenbewohner, wie Muscheln, Schnecken, Seeigel im Gestein fehlen; denn am Boden dieses Beckens konnte kein höheres Leben gedeihen. So erscheinen in den Schichten also nur Formen, die nachweislich an der Oberfläche freischwimmend existierten. Hier sind die serienweisen Anhäufungen nicht katastrophal erfolgt. Dagegen in folgendem Fall.

Wenn untermeerische Vulkanausbrüche eintraten, konnte gelegentlich die auch am Boden eines Meeres lebende Tierwelt rasch vernichtet und durch die Masse der hereindringenden und rasch sedimentierten Asche bedeckt werden, es konnte eine sehr fossilreiche Schicht entstehen. Derart sind die marinen Tuffschichten der Triaszeit in Südtirol wohl zu deuten, die aus vulkanischem, aber doch sedimentiertem Material bestehen und eine außerordentlich arten- und individuenreiche Molluskenfauna bergen. Die Sedimentation ging dort so rasch und gründlich vor sich, der Abschluß der eingebetteten Schalen war so durchgreifend, daß teilweise sogar noch die Farben und Zeichnungen auf den Molluskengehäusen erhalten geblieben sind, was eine große Seltenheit ist.

Insbesondere auch viele Wirbeltierlager der Vorzeit, gerade von Landtieren gefüllt, gehen entschieden auf plötzliche Änderungen der Lebensverhältnisse, also auf Katastrophen zurück. In einem hervorragenden Werk „Lebensbilder der Vorwelt" hat Abel einige Beispiele systematisch durchgearbeitet. So die berühmte Fundstelle von Bernissart (Wealdenformation, untere Kreidezeit), in Belgien, wo auf einem engen, durch einen Steinbruch von 10 m Höhe und 60 m Breite erschlossenen Areal ein Schichtvorkommen aufgedeckt ist, in dem neben ungezählten Skeletten und Resten von Fischen, großen und kleinen Reptilien besonders die berühmten, im Brüsseler Museum ausgestellten riesenhaften Saurierskelette der aufrechtgehenden Gattung Iguanodon zum Vorschein kamen und durch die verdienstvollen Ausgrabungen und Rekonstruktionen des dortigen Forschers Dollo gesichert wurden (Abb. 15). Der Fundplatz liegt in einer alten Schlucht

Abb. 15. Darbietung 10 m hoher Saurier aus der Unterkreideformation in Belgien, in ihrer Natürlichen Fundlage. (Nach einer Phot. d. Musée d'Hist. Nat. in Brüssel, nach Abel 1925).

der frühen Kreidezeit, wo durch zeitweises katastrophales Anschwellen der Flußläufe die Tiere mitgerissen und an bestimmten Stellen aufgehäuft wurden. Die Skelette sind dabei nicht zerbrochen, sondern so in dem 34 m mächtigen Schichtkomplex verteilt, daß man ihnen ansieht, wie sie in dem zu Seen und danach zu einem Sumpfgebiet gewordenen Aufschichtungsareal angeschwemmt und in das mitgeführte Schlammaterial eingebettet wurden. In diesen Sümpfen und Seen hatten dann auch andere Tiere Gelegenheit zu leben, und so setzt sich die dort gefundene, außerordentlich reichhaltige fossile Tierwelt nicht nur aus den katastrophal hereingebrachten, sondern auch aus normal abgestorbenen und eingebetteten Arten zusammen.

Sobald ein Sediment und in ihm die Hartteile der Tiere etwa am Meeresgrund oder am Boden eines Süßwassersees niedergeschlagen sind, beginnt — wenn wir von weiteren mechanischen Einflüssen durch die Strömung des Wassers oder die Wogenbewegung absehen — sofort eine chemische Verwandlung, die in ihrer einfachsten Form etwa vergleichbar ist dem Trocknen und Auskristallisieren des Mörtels bei Bauten, die aber in ihrem weiteren Verlauf, wie überhaupt in ihrer Mannigfaltigkeit so verwickelt ist, daß sie nicht mit kurzen Worten behandelt werden kann. Sie setzt sich auch noch fort, wenn in erdgeschichtlichen Zeiträumen das Sediment erhärtet und über den Meeresspiegel emporgehoben worden ist. Erhärtung, Umsetzung der darin enthaltenen Stoffe, Einfiltrierung anderer Lösungen und Wegführung vorhandener Stoffe, dabei auch oftmals völlige Ersetzung des Bisherigen durch gänzlich neue Stoffe unter gleichmäßiger Ausfüllung des gleichen Raumes, endlich auch Konkretionsbildung (S. 2) sind die hauptsächlichsten Äußerungen jenes Prozesses. Doch damit sind die Umwandlungen noch nicht erschöpft. Denn auch nach der Heraushebung dringen die Tageswässer häufig in das trockengelegte Sediment ein, bringen abermals neue Stoffe unter Wegführung vorhandener mit, lösen oder verkitten die zurückbleibenden Teile, umgeben sie mit anderen chemischen Substanzen, lockern das Gestein, oder verhärten es erst recht. Endlich wird neben dieser chemischen Metamorphose auch eine mechanische noch häufig bewirkt durch die Druckpressungen (Abb. 16) in der Erd-

Abb. 16. Ammonshörner gleicher Art, das eine normal erhalten, das andere durch Gebirgsdruck im Gestein verzerrt. Verkl. (Original.) Liasformation.
a Württemberg, b Alpen.

kruste während der geologischen Niveauverlagerungen, besonders durch die Gebirgsbildung, die eine Faltung der Erdrinde bedeutet. Pressung, Zerrung, Versenken in größere Tiefe und dadurch bedingte Erwärmung, Hinzutreten vulkanischer Gesteine, Dämpfe usw. tragen das Ihre dazu bei, alles umzuwandeln, und so werden auch die ursprünglich mit eingebetteten Fossilreste stets diagenetisch mitverändert, ja im äußersten Fall sogar unkenntlich gemacht und zum Verschwinden gebracht.

Es läßt sich diese Umwandlung des organischen Materials wohl am besten an den Riffbauten heutiger Korallen beobachten. Die herrlichen festen Kalkstöcke der Korallen scheinen uns ja zunächst wie geschaffen zur fossilen Erhaltung. Aber schon bei den jetzt in den südlichen Ozeanen emporwachsenden Riffen bemerkt man eine meist vollständige Zerstörung der organischen Struktur, und dies sowohl nach ihrer Emporhebung über den Wasserspiegel, wie auch noch unterhalb desselben. Es bleibt unter Hinzutreten von Magnesia zu dem reinen kohlensauren Kalk der Stöcke ein strukturloser dolomitischer Kalkstein übrig. Dagegen zeigt sich meistens in der Außenzone des Riffes und in den von der Brandung aufgehäuften Trümmermassen und Kalksanden diese Umwandlung nicht, so daß dort die Korallenstöcke und die sie vielfach in üppiger Fülle begleitenden Tiere (Muscheln und Krebse) wohl erhalten bleiben. An fossilen Riffen finden wir daher innerhalb der klotzigen Dolomitmassen keine klaren Spuren mehr von den Korallen, wohl aber in der geschichteten Umgebung.

Eine weitere und häufige Art der Umwandlung von Fossilien ist die aus dem kalkigen in den kieseligen Skelettzustand und umgekehrt. Verkieselte Fossilien, die ursprünglich Kalkschalern angehörten, finden wir in jeder Formation; zuweilen geht die Verkieselung erst vor sich, wenn die Versteinerungen herauswittern. Hier liegen noch viele ungelöste Rätsel vor, deren Aufklärung einem besonderen Zweig, der chemischen Geologie oder Sedimentpetrographie, zufällt. Ein schönes Beispiel für solche Substanzumwandlungen bieten die Skelette der fossilen Kieselschwämme. Wir kennen diese herrlichen Gebilde mit ihrer oftmals an Stramin- oder Tüllgewebe erinnernden Fadenstruktur aus der heutigen Tiefsee, aber ungeheuer zahlreich auch aus manchen vorweltlichen Ablagerungen, insbesondere der Jura- und Kreidezeit (Kap. 4). Hier ist häufig das Kieselskelett ganz durch kohlensaueren kristallischen Kalk ersetzt. Ja, es kommt vor, daß diese Ersetzung abermals durch eine gleichsinnige Umwandlung abgelöst worden ist, und daß solcherweise nun das fossile Stück wiederum mit Kieselskelett erscheint, daß aber diese Kieselsubstanz nun nicht die ursprüngliche, sondern eine die Kalksubstanz neuerdings verdrängende ist.

Futterer teilt von einem Korallenkalk aus der Steinkohlenperiode in China mit, daß die den Kalk aufbauenden Kelche der Korallen teils verkieselt, teils noch im ursprünglichen Zustand kalkig seien. Wo sie verkieselt sind, bleiben sie als widerstandsfähige Gebilde stehen und ragen über die rascher abwitternde umgebende Kalkmasse des Gesteins heraus. An Stellen aber, wo die Kelche nicht verkieselt sind, sieht man nur ihre Querschnitte an der vom Wind und der Verwitterung abgeschliffenen Gesteinsoberfläche. Mehrfach sind beisammenstehende Gruppen von Kelchen verkieselt, während dazwischen andere liegen, die nur kalkig sind. In wieder anderen Fällen sind nur die an der Oberfläche des Gesteins gelegenen Teile der Kelche verkieselt, die mehr gegen die Mitte gelegenen aber bestehen noch aus unverändertem Kalk, der auch die mikroskopische Feinstruktur von ehedem bewahrt hat. An einem Stock sind die Röhren verkieselt, das Innere aber mit den Wänden und Querböden ist noch kalkig.

Im allgemeinen dürften wohl die meisten, beim Fossilisationsvorgang eingebetteten Hartgebilde zu allererst eine Umwandlung in kristallinen kohlensauren Kalk durchgemacht haben, auch wenn sie selbst ursprünglich aus Kalk bestanden. Doch bewahrt dieser neue Zustand meistens noch vorzüglich das ursprüngliche organische Strukturbild, ja dieses bleibt sogar noch erhalten, wenn der Kalk durch Kieselsubstanz ersetzt ist. Es gibt fossile Hölzer, die völlig aus chalcedonartiger Masse bestehen, die sich aber während der Diagenese derart fein Molekül um Molekül an Stelle des

Ursprungsstoffes gesetzt hat, daß unter dem Mikroskop im Dünnschliff noch alle Zellen und Gefäße wie bei einem lebenden Stück sichtbar sind (Abb. 17). Wenn dagegen Schwerspat, Flußspat, Gips, Schwefeleisen, Brauneisen u. dgl. die Stelle einnehmen, dann wird zwar meistens die äußere Form, aber nicht mehr die innere Feinstruktur bewahrt.

Wenn wir hier auch vornehmlich vom fossilen Tierkörper reden wollen, so sei doch der Vollständigkeit halber auch auf den Verkohlungsprozeß hingewiesen, der meistens die Pflanzen und Hölzer betrifft und sich bei Tierresten nur auf chitinöse und hornige Teile erstreckt. Bei Pflanzenversteinerungen besteht der Verkohlungsvorgang zunächst in einem Schwinden der primären Kohlenwasserstoffe und einer damit verbundenen relativen Zunahme des Kohlenstoffes selbst. Dabei nimmt das Volumen der ursprünglichen Pflanze beträchtlich ab und von dem Pflanzenkörper bleibt nur eine dünne Lage, vergleichbar dem im Herbarium gepreßten Gebilde übrig (Abb. 18). Es ist im Grunde dasselbe, was bei mas-

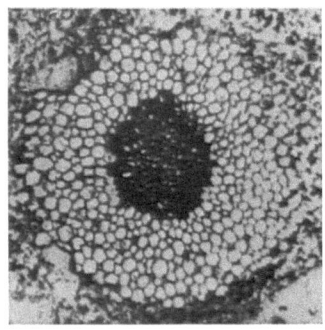

Abb. 17. Querschliff durch ein Kieselholz aus der Devonformation Schottlands. 54 × vergr. (Aus Hirmer 1927.)

senhaften vorweltlichen Pflanzen- und Holzansammlungen zur Bildung der Kohlenlager geführt hat, während Einzelpflanzen und -hölzer in den Schichten dann entweder solche Häute bilden oder auch ganz verwesen, an ihrer Stelle Hohlräume sich bildeten, die nun mit fremden zugebrachten Stoffen, wie Eisensalzen, Ton oder Sand erfüllt werden. Dabei bleiben aber gelegentlich wunderbare Abdrücke des frischen Pflanzenkörpers übrig, welche die Form und Nervatur etwa von Blättern aufs schönste wiedergeben (Abb. 78, S. 142).

Als besondere Art der Erhaltung sind oben schon (S. 26) die Fußspuren erwähnt worden, die man als Abdrücke des Körpers in gewissem Sinn bezeichnen kann. Selbst diese erlauben zuweilen über das Tier selbst, dem sie entstammen, Bestimmteres auszusagen. Viele von den fossilen Fußspuren kamen dadurch zustande, daß ein Tier über ein halb erhärtetes, erst gebildetes Sediment lief, daß dann die Eindrücke weiter erhärteten, und daß die ganze Lage alsbald wieder von neuen Sedimentmassen überdeckt wurde (Abb. 19). Von

Abb. 18. Verkohlter Farnwedel aus Sumpfwaldschichten des Erdaltertums. Dyasformation. Westdeutschland. Stark verkl. (Original.)

manchen Fußspuren kennt man das zugehörige Tier überhaupt noch nicht und ist trotzdem in der Lage, es einigermaßen zu rekonstruieren. (Vgl. Kap. II, 3.)

Als weitere Art der fossilen Überlieferung sind auch die Kotversteinerungen und Darmausfüllungen mancher Tiere anzusehen, weil sie uns gelegentlich das Anzeichen sein können für die Anwesenheit bestimmter Gattungen zur Zeit der Schichtbildung, ohne daß wir des Tieres selbst habhaft würden. Manche solcher Kotversteinerungen (Koprolithen) zeigen spiralige Windung und deuten damit auf höhere Tiere, die einen Spiraldarm besessen haben. Auch Würmer, die viel Erde durch ihren Darm senden, sind uns zuweilen nur aus diesen Darmausfüllungen bekannt (Abb. 20), weil der ganze Weichkörper nach der Einbettung verweste.

Landorganismen haben durchschnittlich weniger Aussicht auf fossile Erhaltung als Meeresorganismen. Denn abgesehen davon, daß überhaupt Landablagerungen der Vorzeit weniger überliefert sind als Meeresschichtungen, geht im allgemeinen die Sedimentation auf dem Lande viel zu langsam vor sich, um der Verwesung der Hartteile und der Verwitterung der Schalen und Skelette zuvorzukommen. Zudem werden die meisten Landsedimente viel zu locker aufgeschüttet, wie etwa die Sandzusammenwehungen der Dünen in den Wüsten und an manchen Meeresküsten, als daß ein genügender sofortiger Luftabschluß zur fossilen Erhaltung etwa eingebetteter Organismen führen würde. Aber auch hier gibt es Ausnahmen. Kamen an einem stark verschlammten Süßwassersee Säugetierherden zur Tränke und versanken dabei viele von ihnen im Schlamm, oder wurden ganze Herden durch Katastrophen, etwa Steppenbrände, hineingetrieben, so wurden ihre Skelette reichlich erhalten. Vulkanische Aschenregen haben in Nordamerika in der Tertiärzeit auf diese Weise durch rasche und

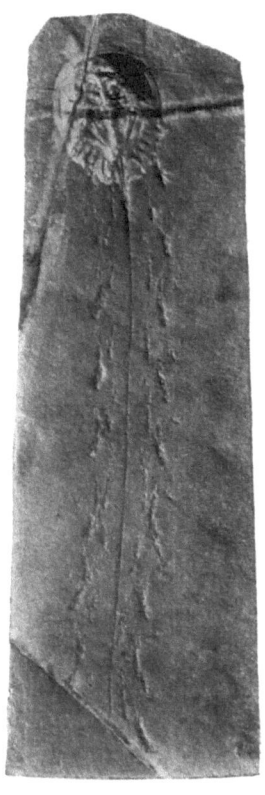

Abb. 19. Molukkenkrebs in Jurakalkstein, mit hinterlassener Fußspur in ehemals zähem Meeresschlamm, kurz vor Verenden des Tieres entstanden. Franken. Verkl. (Original.)

dichte Überdeckung ganze Lager von fossilen Säugetiervorkommen bereitet; oder Sturzregen von plötzlich auftretenden Wolkenbrüchen, durch welche sich Wildbäche bildeten oder vorhandene Flüsse plötzlich überschäumten und ihr Material weithin ausbreiteten — solche und ähnliche Naturvorgänge konnten zum Untergang ganzer Tier- und Pflanzenbestände und so zu einem ausgiebigen Fossilwerden ihrer Reste führen, die man so auch in Landschichten zuweilen angereichert findet.

Ein besonderer Fall der Fossilisation von Landorganismen ist das schon kurz erwähnte Vorkommen zahlreicher, meistens nur kleiner Landtiere und Pflanzenreste im Bernstein, einem in den Bernsteinwäldern der Tertiärzeit von Nadelbäumen ausgeschiedenen Harz, das teils dort lebende Tiere übergoß, teils die auf ihm hängenbleibenden allmählich überdeckte und einschloß. Besonders Insekten sind solcherweise wundervoll als Körperhohlräume erhalten und zeigen alle Einzelheiten fast wie lebende (Abb. 11, S. 17).

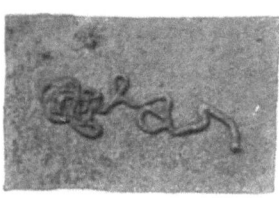

Abb. 20. Ausfüllung eines Wurmdarmes, fossil erhalten. Das Weichtier selbst ist verschwunden. Juraformation. Franken. Verkl. (Original).

Die Körperhohlräume von fossilen Tieren können uns, unter gänzlicher Wegführung der ehemaligen Körpermaße selbst auf ganz verschiedene Weise begegnen. Wird etwa eine Muschelschale in ein Sediment eingebettet und dringt das einbettende Muttergestein in den Hohlraum des verwesten Innentieres ein und erhärtet danach das Ganze, so kann die umgebende Schale alsbald durch Diagenese weggelöst werden. An ihrer Stelle entsteht eine Hohlfläche, und der ausgefüllte Inhalt bleibt als *Steinkern* übrig. War die Schale sehr dünn und ihre Skulptur etwa wie bei Ammonshörnern auch auf der Innenseite durchgeprägt, dann kann der Steinkern dasselbe äußere Aussehen haben wie die ehemalige Oberfläche der Schale (Abb. 21). War aber die Schale einigermaßen dick und prägte sich ihre Außenskulptur nicht auf der Innenseite aus, wie dies bei den Muscheln meistens zutrifft, dann ist der Steinkern nicht nur wesentlich kleiner als der ehemalige Gehäuseumfang, sondern er bietet auch keinen unmittelbaren Anhalt für das Aussehen der ehemaligen Schalenoberfläche (Abb. 22). Ist aber ein in Sediment eingebettetes Gehäuse in seinem Innenraum unausgefüllt geblieben und wird danach gleichfalls die Schale diagenetisch weggeführt, so entsteht nach der Erhärtung des Sedimentes ein Hohlraum, dessen Wände den Abdruck der ganzen Schalenaußenseite zeigen. Wird nun weiterhin dieser Hohlraum neuerdings mit Gestein infiltriert, dann entsteht bei dieser Ausfüllung ein zwar äußerlich der ehemaligen Schale völlig gleichender, dennoch aber sekundärer „Skultpursteinkern".

Abb. 21. Dünnschaliger Ammonit, dessen Berippung auch auf dem Steinkern, an den von Schale entblößten Stellen, deutlich ausgeprägt ist. Juraformation. Frankreich. Verkl. (Original.)

Es kommen da übrigens gelegentlich ganz merkwürdige Widersinnigkeiten vor. So sind nach Abel in den Wealden-

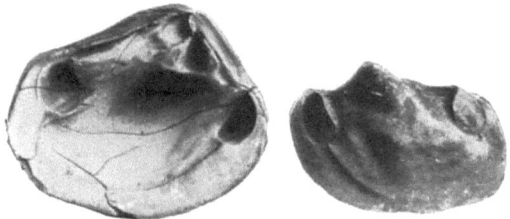

Abb. 22. Muschelschale (links) mit Steinkern (rechts). Der letztere paßt genau in die Schale hinein. Tertiärschichten. Pariser Becken. Verkl. (Original.)

sandsteinen von Bückeburg (Untere Kreidezeit) die Knochenteile der Schädel von Krokodilen meistens aufgelöst und durch eine specksteinartige, strukturlose und leicht zu entfernende

Masse ersetzt; dagegen sind die Hohlräume, also auch der Gehirnraum, als feste Steinkerne erhalten, oftmals allein als solche, ohne die umgebenden Knochenersatzlagen. Solche merkwürdigen Erhaltungszufälle seien, sagt Abel, auch in Torfmooren beobachtet worden, wo man zuweilen die Gehirne menschlicher Leichen in auffallend gutem Erhaltungszustand angetroffen habe, während die Knochen zu einer mulmigen Masse zerfallen waren. Es hänge dies wohl mit der leichten Löslichkeit des phosphorsauren Kalkes in Humussäure zusammen. Fossile Gehirnhöhlenausgüsse müssen ja grundsätzlich von jedem Schädel zu gewinnen sein, sei es, daß er selbst schon beim Versteinerungsvorgang ausgefüllt wurde, sei es, daß man ihn aufsägt und aus dem Hohlraum einen künstlichen Steinkern gewinnt.

Sind Schalen durch kristallinischen Kalk ersetzt, so werden sie meistens brüchig sein und dann auch nach den zahllosen Kristallflächen des Kalkes zerspringen. Sind sie in Gips umgewandelt, dann zerfallen sie leicht in Pulver. Auch kann Schwefeleisen und Mangan den ursprünglichen Körper ersetzen, wie es uns die bekannten, Goldschnecken genannten Ammonshörner der süddeutschen Juraschichten lehren.

Jedem Bearbeiter fossiler Tiergemeinschaften fällt es ferner auf, daß unter dem Artenmaterial aus ein und derselben Fundschicht gewisse Arten ausschließlich ohne Schalen und nur mit ihrer inneren Ausfüllung als sogenannte Steinkerne, andere aber ausschließlich als Schalenexemplare erhalten sind. Dieser Unterschied kommt daher, daß die Gehäuse der Konchylien aus einem verschieden widerstandsfähigen Kalk und aus einer verschiedenen Durchsetzung mit organischer Materie (Hornsubstanz) bestehen. Hauptsächlich wechseln die mineralogischen Modifikationen des kohlensauren Kalkes, Kalzit und Aragonit, miteinander ab. Ersterer ist die viel stabilere Art von kohlensaurem Kalk und widersteht den gewöhnlichen diagenetischen Einwirkungen leichter. Formen, deren Gehäuse also schon zu Lebzeiten des Tieres von Kalzit aufgebaut werden, werden eher mit ihrer Schale, die übrigen aber unter Weglösung der Schale nur mit ihren inneren Hohlräumen ausgefüllt erhalten bleiben.

Oft kommt es vor, daß beim Fossilationsvorgang die in die ursprünglichen Schalenhohlräume hineinfiltrierten gelösten Substanzen nur teilweise die Schale wegführen und nur teilweise deren Hohlräume auszufüllen vermögen; oder daß sich von außen her etwa Schwefeleisen als undurchdringlicher Überzug ansetzt und dann nur reine Kalklösung von der Schale her ins Innere sich absetzt, statt nach außen weggeführt zu werden, wie der abgebildete Durchschnitt der gekammerten Ammonshörner zeigt (Abb. 23).

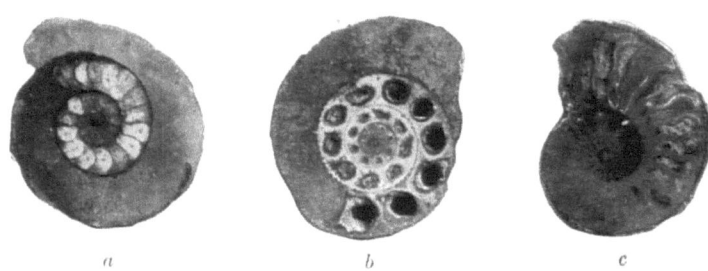

a   *b*   *c*

Abb. 23. Drei verschiedene Erhaltungszustände von Ammonshörnern, In der Mittelebene durchgeschnitten. *a* Wohnkammer mit Gestein völlig ausgefüllt, Luftkammern mit kristallisiertem Kalk; *b* ebenso, jedoch Kalkniederschlag in den Luftkammern unvollständig; *c* nur Luftkammern erhalten, deren Wände in Schwefeleisen umgewandelt sind, während die innenräume aus infiltriertem Kalkkristall bestehen. Verkl. (Original.)

Schließlich sei noch darauf hingewiesen, daß die *Farben* der lebenden Tiere bzw. Tierschalen nur äußerst selten noch an den Fossilien zu bemerken sind; die Farbsubstanz, als rein organischer Niederschlag, verschwindet ebenso rasch wie der Weichkörper selbst.

In jedem einzelnen Fall also muß man sich darüber klar werden, ob mit einem gegebenen Fossil uns ein ursprüngliches Hartteil oder ein Abdruck, ein Steinkern oder ein Skulptursteinkern vorliegt. Es ist auch nicht immer leicht, dies zu entscheiden, wie die beifolgende Abb. 25 zeigt. Auf einem Kalkstein aus dem Erdaltertum liegen Reste von Krebsen (Trilobiten) in Form von Abdrücken; die einen sind vertieft, die anderen erhöht. Man muß sich nun darüber klar werden, welche Seite des Panzers man in diesen beiden verschiedenen Erhaltungsweisen vor sich sieht. Wenn die erhöhten Stücke noch mit Schale überzogen wären, so würden sie zweifellos die Außenseite des Panzers darstellen; und so erscheinen sie ja auch jetzt dem ersten oberflächlichen Blick. Bei genauerer Überlegung aber erweisen sich die erhöhten Stücke als Abdrücke der konkaven Unterseite des ehemaligen, nun aber weggeführten Panzers, der infolge seiner Dünne genau wie ein getriebenes Metallblech das Negativ seiner Außenseite auf der Unterseite besaß. Infolgedessen mußte der Abdruck der Unterseite als Erhöhung das Bild einer Außenseite scheinbar liefern. Das vertiefte Panzerbild auf dem Gesteinsstück dagegen ist nicht die ehemalige konkave Innenseite, sondern ein Abdruck der ehemaligen Außenseite. Solche einfachen Untersuchungen an entsprechenden Stücken zu machen, ist lehrreich, weil sie den Formensinn wecken.

Abb. 24. Abdrücke der Unter- und einer Oberseite (links unten) der Trilobitenkrebsform Conocoryphe. Kambrische Formation mittlere Stufe. Böhmen. Verkl. Nur ein Stück in Rückenlage, die übrigen in Bauchlage. (Original.)

Die gewöhnliche Art, wie uns Versteinerungen oder Fossilien entgegentreten, ist die, daß man auf Schichtflächen die Stücke hervortreten sieht, wobei sie in hartem Gestein stets nur von einer Seite her erscheinen. Da sie bei ihrer dereinstigen Einbettung, besonders im nicht allzusehr bewegten Wasser, stets ihrem Schwerpunkt nach sich anordneten, so liegen gewöhnlich alle Versteinerungen gleicher Art auch in derselben Weise auf den Schichtflächen ausgebreitet da (Abb. 24).

Sind die Fossilien in etwas härterer Konsistenz erhalten als das umgebende Gestein, so wittern sie bei längerem Freiliegen wohl auch heraus, und man findet sie dann lose auf Schutthalden an Berghängen oder auf dem verwitterten Boden der Äcker und Felder, wo die Schichten eben anstehen, denen sie entstammen.

Massenansammlungen von Versteinerungen in bestimmten Schichten oder in Teilkomplexen von sonst fossilleeren oder fossilarmen Schichten können den verschiedensten Grund haben. Zunächst können „Muschelkalke" dadurch entstehen, daß eben an einer bestimmten Stelle besonders viele Kalk-

Abb. 25. Kalkstein (Berchtesgadener Marmor), völlig aus Muschelschalen des Triasmeeres zusammengesetzt. Salzkammergut. Verkl. (Original.)

schaler lebten und unter günstigen Bedingungen fossil wurden (Abb. 25). Diese günstigen Fossilisationsfälle können sich darauf erstrecken, daß die schalentragenden Arten zwar nicht sehr reich an Individuen waren, daß aber alles, was zu Boden sank, unter jenen günstigen Verhältnissen erhalten blieb, eingebettet wurde, und so, wenn auch in langer Zeit, zu einer reichen Aufhäufung der Schalen führte. Es ist also nicht unbedingt aus der Reichhaltigkeit einer Schicht auf eine ehemals sehr reiche Individuenzahl zu schließen.

Diese Art der Aufhäufung, wobei oft das ganze Gestein nur aus Schalen und Schalentrümmern zusammengesetzt ist, geht durchaus unkatastrophal vor sich; es ist normale Sedimentierung gewesen. Beispiele hierfür sind etwa die ungeheueren Ansammlungen von Milliarden von Seeliliengliedern, die im deutschen Muschelkalk der Triaszeit über ganze Landstriche hin eine oder mehrere Bänke zusammensetzen. In den alpinen Kalken der Jurazeit gibt es eine Gesteinsbildung (Hierlatzkalk), die stellenweise nur aus den Gehäusen von Armfüßern (Brachiopoden) und Seeliliengliedern besteht. Etwas Ähnliches sind die „Belemnitenschlachtfelder" im schwäbischen Juragebiet (Abb. 26), wo zu einer bestimmten Zeit und offenbar in bestimmten, abgegrenzten Meeresteilen sich ungeheuere Schwärme von Tintenfischen ansammelten, deren innerer Schalenschulp in einen harten Kalkstachel (Belemnit) endete, der allein von dem zarten sonstigen Skelett und dem im übrigen nackten Tintenpolypen übrigblieb und fossil wurde. Diese Belemniten füllen ganze Schichtlagen an, und es sieht aus, als ob sie zu Millionen da lebten und plötzlich katastrophal eingebettet wurden. Indessen geht diese Massenansammlung wohl gleichfalls auf ein durch lange Zeit hindurch fortgesetztes Anhäufen jener Kalkstacheln zurück.

Abb. 26. „Belemnitenschlachtfeld". Ansammlung von Stacheln eines Tintenfisches (Kephalopode) der Jurazeit, sog. B e l e m n i t e n. Lias. Schwaben.

Viele Schichten enthalten reiche Fossilansammlungen, die so sehr überwiegen können, daß überhaupt das ganze Schichtgestein ausschließlich aus Schalen- und Schalentrümmern besteht. Aber unmittelbar darauf kann im selben Verband eine Schicht folgen, die keine Spur eines Fossils enthält. Die Ursache dieses Gegensatzes kann gelegentlich die sein, daß nur eine bestimmte Zeit lang in dem betreffenden Ablagerungsbecken Tiere lebten, danach nicht mehr, so daß die reine, anorganische Sedimentation überwog. In den weitaus meisten derartigen Fällen aber ist es wohl so gewesen, daß die Ablagerungsbedingungen der fossilen Aufbewahrung ungünstig waren, und daß alles, was an organischen Körpern zu Boden sank, rasch aufgelöst wurde. Es gibt verschiedene Schichtsysteme, an denen man beobachten kann, wie die eingebetteten Fossilien schon auf ihrer Unterseite aufgelöst wurden und beinahe ganz verschwunden wären. Es ist allerdings der häufigste Fall, daß von den zahllosen früheren Tieren, auch im Meere, stets die weitaus meisten sofort aufgelöst wurden samt ihren Hartteilen, sei es, daß sie den Räubern des Tierreichs, oder den Aasfressern, oder auch der rein chemischen Zersetzung und Auflösung anheimfielen.

Wepfer hat das wechselnde Erscheinen von Fossilansammlungen und dann wieder das ebenso konstante Fehlen jeglichen Fossilrestes in den übereinander lagernden Bänken ein und desselben gleichartigen Schichtsystems damit zu erklären versucht, daß hier nicht auf das frühere Fehlen eines Tierlebens und dann auf eine plötzliche Zuwanderung geschlossen werden dürfe; vielmehr könne in einem Meeresbecken, wo sich solche Schichten bildeten, dauernd Tiere gelebt haben, die aber nur fossil wurden, wenn rasch sedimentiert wurde, ihre Reste also so rasch eingebettet wurden, daß nicht erst das Wasser Zeit fand, alles aufzulösen. Die Lückenhaftigkeit in der Überlieferung vorweltlicher Tierwelten beruhe also nicht auf dem ursprünglichen Fehlen der Lebewesen, sondern auf einem zeitweisen Verschwinden infolge mangelnder Fossilisationsgelegenheit. Dieser Gedankengang macht es anschaulich, welche rein äußerlichen Gründe für die Erhaltung und wechselnde Ansammlung von Fossilien geherrscht haben mögen, abgesehen von allem anderen, was gesagt wurde.

Fossile Tiere und Pflanzen haben nicht immer gerade dort

gelebt, wo man sie als Versteinerungen findet; sie können an den Ort ihrer Erhaltung nach ihrem Tode durch natürliche Kräfte hingebracht worden sein. Wie sehr man mit einem solchen Vorkommen auf „sekundärer Lagerstätte" rechnen muß, zeigen Beobachtungen, die Deecke mitteilt. So können die lufterfüllten und daher spezifisch besonders leichten Gehäuse abgestorbener Meerestiere schon im Meere selbst an dessen Oberfläche durch den Wind an ruhigen Stellen zusammengetrieben werden. Als solche kommen besonders Seeigelgehäuse, auch die mikroskopisch kleinen bis linsengroßen Foraminiferen mit ihren gekammerten Schälchen, ja sogar Schneckengehäuse in Betracht. Denn da entwickeln sich nach dem Tod des Tieres Verwesungsgase, solange der Weichkörper noch nicht verschwunden ist, und nun schwimmen sie im Wasser herum. Es können solche Gehäuse sogar bei Sturm auf die Küste und in das feste Land hineingetragen werden und erscheinen dann zuletzt in Landschichten eingebettet. So kam es, wie heute, auch in früheren Epochen vor, daß Treibholz (vgl. Abb. 28) vom Lande her weit hinaus in das Meer geriet; daß auf dem Holz gelegentlich sogar Landtiere mitgeführt wurden; daß Insekten, Flugtiere und Laub von Stürmen ins Meer getrieben wurden, und daß dies alles dort auf den Grund niedersank, eingebettet und mit den im Meere selbst lebenden Tieren in derselben Lagerstätte fossil werden konnte. Abel gibt an, daß heutzutage an der belgischen Küste wohlerhaltene Meermuscheln aus tertiärzeitlichen Schichten von den Wellen herausgespült und nun mit den jetzigen Meereskonchylien wieder in die sich nunmehr niederschlagenden Sand- und Schlickbildungen eingebettet werden. Man hat auch erwogen, ob die für das Erdmittelalter besonders bezeichnenden Ammonshörner mit ihren sehr dünnschaligen gekammerten, also gaserfüllten Gehäusen nicht gleichfalls auf diese Weise nach ihrem Tode im Meer von Strömungen oder dem Wind gelegentlich weithin verfrachtet wurden, weil es auffällt, daß sie in den vorweltlichen Schichten oft ungeheure Gebiete einnehmen. Mit solchen Möglichkeiten muß daher der Paläontologe stets rechnen und sich in jedem Fall ein Urteil über die Zusammensetzung einer fossilen Tierwelt unter diesem Gesichtspunkt zu bilden suchen.

Die verschiedenen Tiergattungen verhalten sich dabei verschieden. Im bewegten Wasser z. B. werden die aus Hunderten von Einzeltäfelchen bestehenden Seelilien trotz ihres harten Skelettes leicht nach dem Tode zerfallen und ihre Teilchen verstreut und verschwemmt werden. Wasserströmungen werden die abgestorbenen Muschel- und Schneckenschalen ergreifen, wegrollen und aussortieren. Man macht beispielsweise am Meeresstrand häufig die Beobachtung, daß von einer Muschelart (z. B. die Herzmuschel [Cardium] am Flachstrand der Nordsee) zu bestimmten Zeiten nur rechte Klappen gefunden werden. Ein andermal trifft man überhaupt nichts oder nur wenig von den derberen Cardienschalen, dagegen die dünnschaligen Telliniden. Das rührt davon her, daß die Klappen der normalen Muscheln aus zwei entgegengesetzt gewundenen Schalen bestehen. Geht die Strömung in einer festen Richtung, so ergreift sie die rechtsgewundene Klappe, weil diese bei einer bestimmten Strömungsrichtung sich in den Strom eindreht, während gleichzeitig die andere Klappe, entgegengesetzt gewunden, sich aus der Strömung mechanisch abdreht. Infolgedessen werden in einem solchen Fall nur rechte oder nur linke Schalenhälften verfrachtet und am Strande niedergelegt. Ein andermal ist die Wasserbewegung so, daß die dicken Herzmuscheln nicht gut transportiert werden, dagegen die meistens durch ihr festeres Schalenband beisammenbleibenden feinen Tellinidenmuscheln infolge ihres relativ geringeren spezifischen Gewichtes leicht mitgenommen und deshalb am Ende der Strömung in Massen hingelagert werden.

Auf diese und ähnliche Weise werden also die abgestorbenen Organismen nicht nur verteilt und sortiert, sondern es wird auch, wenn sie nun eingebettet werden, der Eindruck erweckt, als ob an der bestimmten Stelle hauptsächlich nur die eine Art zeitweise gelebt hätte. Man kann am Meeresstrand derartige Beobachtungen machen, die uns dann das eigentümliche isolierte Vorkommen fossiler Arten in den vorweltlichen Schichten und die so erfolgte „Fälschung" des

Faunenbildes erklärlich machen. So leben im Meer meistens nicht weniger Fische als Muscheln und derartiges schalentragendes Getier. Aber wo finden wir jemals unter den Tausenden und aber Tausenden von Konchylienschalen auch nur ein einziges Fischskelett, ja auch nur den Rest eines solchen? Und doch gibt es unter den Fischen gewaltige Exemplare mit festen Knochen. Die ganze Strandlinie an einem Flachmeer ist oft bedeckt mit ausgeworfenen Resten von Seeigeln, Seesternen, Muscheln, Schnecken. Sie liegen herum und bilden zuweilen Anhäufungen, zwischen denen sich noch Reste von Seetangen, Moostierchen, zerbrochene Krebsglieder und -panzer oder auch schalenlose und schalentragende Würmer finden. Gehen wir an einen Strand tropischer Meere, etwa in die Nähe eines Riffes, so finden wir den Untergrund nicht aus Sand und Schlick bestehend, wie an unseren nordischen Küsten, sondern aus einem Haufwerk zerbrochener und zerriebener Korallenäste und -stöcke, Schalen, Kalkalgen u. dgl. Vergeblich aber suchen wir nach Fischskeletten, deren Schwärme das Riff bevölkern und deren Leichen nach einer Sturmflut oft zu Tausenden an den Strand geworfen werden. Hier sorgen nun zahllose andere Tiere, insbesondere Krebse dafür, daß in kürzester Frist nur noch ein zerfasertes und zerteiltes Skelett übrigbleibt, dessen zarte Knochen und Gräten verspült, zerrieben und zerbrochen werden, so daß kaum noch ein paar Zähnchen oder festere Stücke übrigbleiben.

Auch auf dem Lande ist es ähnlich. In Seeablagerungen halten sich im allgemeinen nur die Muschelschalen, weniger die Krebspanzer, besonders wenn sie dünnschalig sind, und kaum Fischskelette. Vollends auf dem festen Landboden selbst. Vergeblich suchen wir nach den Skeletten der zahlreichen, in Wald und Feld verendenden Tiere. Aasfresser, Insekten und Würmer sorgen hier für die Aufarbeitung aller organischen Bestandteile, soweit sie nicht unmittelbar verwesen, und die Atmosphärilien beschleunigen den Zerfall, die Verwitterung und Auflösung der Knochen, wenn diese nicht zufällig einmal rasch in zähen Schlamm eingebettet werden. Mit den Pflanzenresten, ja dem Holz dicker Stämme geht es nicht besser.

Joh. Walther, welcher planmäßige Studien in dieser Richtung gemacht hat, faßt sie in die Worte zusammen: „Wenn wir die große Zahl der marinen Fischzüge erwägen, muß die Seltenheit von Fischknochen in Tiefseesedimenten in Erstaunen setzen. Die Zusammensetzung einer fossilen Fauna entspricht also schon aus diesem Grunde keineswegs dem Bestande, welchen die lebende Fauna gehabt hat. Allein auch das Zahlenverhältnis der Individuen einer fossilen Fauna stimmt ebensowenig überein mit der Häufigkeit oder Seltenheit der betreffenden damals lebenden Tiere. Reiche Faunen verschwinden spurlos, und ein nur in wenigen Exemplaren gleichzeitig lebendes Tier häuft seine Schalen im Laufe vieler Generationen am Meeresboden auf, so daß man daraus auf einen großen Individuenreichtum mit Unrecht schließen würde." So gibt es in der Irischen See eine etwa 40 m unter dem Meeresspiegel liegende Bank voller Muscheln und Schnecken, unter denen auch die Käferschnecke Chiton lebt, deren Panzer aus vielen, miteinander durch hornige Substanz verbundenen dachförmigen Einzelplatten besteht. Man beobachtete, daß sich im Verlauf mehrerer Jahre noch andere Tiere ansiedelten. Ferner leben da Nacktschnecken ohne Gehäuse, und auf verschiedenen Teilen der Bank herrschen mehr die Stachelhäuter (Seeigel, Seesterne) vor, an anderen mehr die Muscheln und Schnecken. Würden wir nun die Bank in späteren Epochen in fossilem Zustand im Verband eines Schichtsystems erblicken können, so würde sich uns etwa folgendes Bild zeigen: Die beschalte Muschel- und Schneckenfauna würden wir in richtiger Zahl und Zusammensetzung sehen; die Nacktschnecken würden überhaupt fehlen. Ebenso würde so gut wie ganz der Chiton fehlen, weil seine vielteilige Schale nach dem Tode rasch zerfällt und meistens nur Stücke uns zu Gesicht kämen; ebenso würden von den sehr dünnschaligen kugeligen Seeigeln vornehmlich die harten zahlreichen Stacheln entgegentreten, während von den Seesternen nur zahllose Teilchen wie Sand zwischen das übrige hineingestreut erschienen. Krebse oder gar Fische, die auf der Bank leben, wären fast völlig verschwunden, besonders die letzteren.

Für die große Seltenheit, aber auch für die überraschenden Erkenntnisse, die uns ein Fossilvorkommen gewährt, wenn einmal statt nur Hartkörper auch skelettlose Tiere uns überliefert sind, bietet die in den Mount Stephenschiefern im nordamerikanischen Felsengebirge durch Walcott erschlossene uralte Tierwelt kambrischer Zeit ein herrliches Beispiel. Es

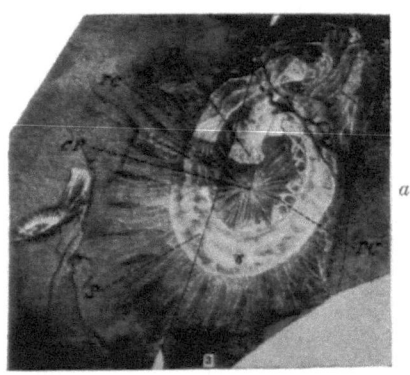
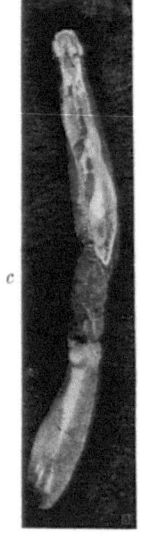
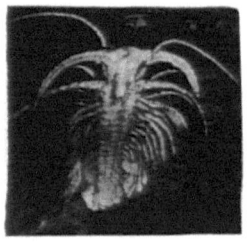

Abb. 27. Fein erhaltene Abdrücke von zarten Weichkörpern, a einer Holothurie, b einer Krebslarve, c eines Wurmes. (Aus den kambrischen Tonschiefern im nordamerikan. Felsengebirge, Mount Stephen-Schiefer. Verkl. Aus Walcot 1911.)

sind darin wunderbar feine Abdrücke zartester pelagischer Schwimmtiere mit allen charakteristischen Körpermerkmalen vorhanden; Würmer, gehäutete Krebse und Krebslarven, Holothurien oder ähnliche, mit Schwimmschleiern versehene Tiere (Abb. 27). Sie haben natürlich nicht auf dem Boden jenes Meeres gelebt, sondern an der Oberfläche als frei schwimmende und schwebende Arten, die dann beim Absterben rasch niedersanken und ebenso rasch von dem allerfeinsten mulmigen Schlamm überdeckt wurden, der jedenfalls sofort verhärtete und nur dadurch diese seltene Art der Überlieferung ermöglichte.

Es ist also ganz klar, daß die fossilen Tiergemeinschaften, so wie wir sie in den Schichten antreffen, nur eine Auslese des ehemaligen Lebens bedeuten; eine Auslese sowohl hin-

Abb. 28. Kolonie von Seelilien auf einem zu Boden gesunkenen Treibholz mit zahllosen Austern. Liasschiefer. Holzmaden. Württemberg. (Das $1^1/_2$ m hohe Original im Senckenberg-Museum zu Frankfurt a. M.)

sichtlich der Zahl der Individuen, welche den betreffenden Raum besiedelten, wie auch hinsichtlich der Arten, von denen vor allem die skelett- und schalenlosen fast nie, die skelett- und schalentragenden aber nur teilweise erhalten geblieben sind. Es gehört daher zu den größten Herrlichkeiten, die sich der Paläontologe wünschen kann, wenn er etwa eine Tiergemeinschaft noch in ihrem ursprünglichen Zusammenhang findet, wie es das neben abgebildete einzigartige Stück aus den berühmten Liasschiefern von Holzmaden zeigt, wo auf einem nun verkohlten Treibholz sich eine Kolonie von Seelilien angesiedelt hatte. Zugleich aber entwickelte sich darauf eine Austernkolonie, und das Ganze lag am Meeresgrunde, so, wie wir es jetzt vor uns sehen, wenn wir die Platte aufgerichtet uns denken (Abb. 28).

Man muß sich ferner vergegenwärtigen, daß die Funde paläontologischen Materials äußerst spärlich fließen und

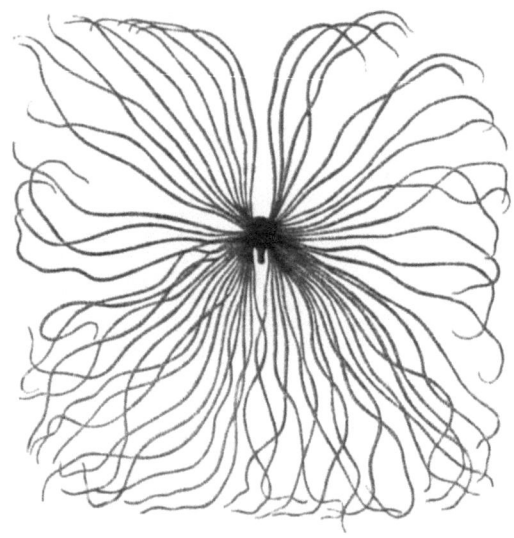

Abb. 29. Eine Meerspinne (Bostrichopus) aus der Steinkohlenformation in Nassau. Einziger Zufallsfund einer ausgestorbenen Insektenklasse. (Aus Sandberger 1850.)

einen kaum nennenswerten Bruchteil dessen ausmachen, was im Boden steckt und was herauswittert. Selbst in unseren doch so gut durchforschten europäischen Ländern ist vom anstehenden Felsgerüst der Erde meistens recht wenig zu sehen; viel ist von Kulturland, Wald, Ansiedelungen bedeckt und erlaubt uns nicht, ins Innere des Bodens einzudringen. Abgesehen davon, daß überhaupt die eine Formation die andere in der Erdrinde überdeckt und das Tieferliegende jeweils nur in Tunnels, an Tal- und Berghängen oder großartiger bei alpinen Auffaltungen zutage tritt, bleiben uns nur die verhältnismäßig wenigen Aufschlüsse an Berghängen, in Steinbrüchen, Flußufern, Bahndurchschnitten. Und auch auf die Fossilien, die so zutage kommen, achtet man vielfach nicht, sei es aus Unkenntnis, sei es aus Gleichgültigkeit, und so geht das meiste zugrunde, ohne an die Arbeitsstellen der Wissenschaft oder in die Hände vernünftiger Sammler zu gelangen.

Welche Zufälligkeiten dabei oft mitspielen, zeigt das nebenstehend abgebildete spinnenartige Insekt, das vor Jahrzehnten in einem Schiefersteinbruch in Nassau gefunden wurde (Abb. 29). Es repräsentiert eine ganz eigene Ordnung von Meeresspinntieren, und wir hätten, sagt Neumayr in seiner „Erdgeschichte", keine Ahnung von der Existenz eines solchen Typus, wenn nicht zufällig ein verständnisvoller Sammler die eine Schieferplatte unter Tausenden aufgegriffen und gespalten hätte. Das Stück ist seitdem der einzige Fund dieser Art geblieben, obwohl jene alten Schiefer vielfach abgebaut werden. Also nicht nur der Zufall der ehemaligen Einbettung und Erhaltung, sondern auch der Zufall des Findens bedingt eine große „Lückenhaftigkeit" des paläontologischen Materials und spielt darum bei der Erörterung über die Geschichte des vorweltlichen Lebens eine große Rolle.

3. Die Präparation und die Aufstellung.

Das Aufsammeln der Fossilien kann dadurch geschehen, daß man in den Steinbrüchen oder auf Feldern und Hängen und an natürlichen Schichtaufschlüssen das aufliest, was herausgewittert umherliegt. Zugleich wird der Sammler aber auch mit Spitzhacke, Hammer und Meißel die Stücke aus dem Gestein herauszuholen versuchen, sei dieses nun weich oder hart. Oder man macht planmäßig Ausgrabungen mit allen nötigen technischen Vorbereitungen und gegebenenfalls mit Sprengungen im festen Gestein. Man wird selten die Fossilien in dieser Weise vollständig und unzerbrochen gewinnen können. Dann ist es eben Sache der Vorsicht, die Bruchstücke und Splitter entsprechend aufzubewahren, um sie im Laboratorium sachgemäß wieder zusammenzusetzen. Sind sie sehr weich und brüchig, so muß man sie am Fundort selbst, und zwar oft im Gestein selbst, mit Leimwasser tränken und sie erst herausmeißeln, wenn sie erhärtet sind; sonst zerfällt alles in Grus. Würde man, ohne zu härten, das umgebende Gestein nur abkratzen, so ginge alles zugrunde.

Beim *Härten*, sei es draußen am Fundort oder daheim im Arbeitsraum, setzt man eine sehr verdünnte Lösung von Gummiarabikum oder Tischlerleim an, erwärmt diese und das Stück etwas und begießt oder bepinselt es vorsichtig in seiner ganzen Ausdehnung. Saugt es die Lösung begierig auf, so gibt man sofort mehr davon nach. Doch ist Vorsicht geboten, damit weiches Gesteinsmaterial nicht auseinanderfällt. Man wird gut tun, diese Tränkung und Härtung tunlichst auf das Stück selbst zu beschränken, damit nachher das umgebende weiche Muttergestein um so leichter entfernt werden kann. Nach genügender Tränkung und Härtung kann mit Hilfe einer dicken Nadel, eines Spitzmeißels oder eines Schabers das Umgebende weggekratzt oder durch Druck weggedrückt werden.

Gehärtete oder an sich schon harte Fossilien legt man, um sie aus dem umgebenden Gestein zu befreien, auf eine nicht harte und nicht spröde Unterlage und nimmt sie, wenn das Gestein nicht zu umfangreich ist, am besten in die hohle linke Hand; andernfalls legt man sie auf einen Sandsack. Durch beides wird ein gewisses Nachgeben des Stückes gegen Schlag, ein Anschmiegen an die Unterlage gewährleistet und ein Hohlliegen einzelner Partien vermieden, was zum unerwünschten Zerspringen führen könnte. Dann werden die Stücke mit Hammer und Spitzmeißel bearbeitet. Hält man das Stück in der linken Hand, dann geschieht das Arbeiten so, daß man den Spitzmeißel mit Daumen und Zeigefinger derselben Hand packt und ihn an das Objekt ansetzt. Die Rechte schlägt mit dem Hammer. Man bekommt alsbald ein gewisses feines Gefühl, wie man bei jeder Gesteinsart, bei jedem Stück zuschlagen muß, und es entwickelt sich leichter, wenn man alles in der Hand hält und das Stück nicht bloß auf eine Unterlage legt.

Ein kurzstieliger *Hammer* mit quadratischem Querschnitt und nicht zu langen Backen sowie kurze, nicht zu dicke *Spitzmeißel* — das gilt relativ zur Größe des Objektes — sind am zweckmäßigsten zum Herausarbeiten harter Objekte, einerlei ob man sie in der Linken hält oder auf eine Unterlage legt. Der Schlag muß in den meisten Fällen in Richtung gegen das Fossil, nicht vom Fossil weg im Gestein geführt werden. Im ersteren Falle springt die Matrix von der Fossiloberfläche meistens weg; im letzteren entstehen unvermeidlich auf dieser Schrammen und Schlagmarken. Freilich feine Rippen, Knoten und Stacheln wird man nur bei äußerst harten Objekten mit großer Vorsicht und unter minimalsten Absprengungen mittels eines sehr feinen Spitzmeißels und womöglich nur mit Handdruck oder mit feinsten, mehr vibrierenden als schlagenden Stößen des Hammers herausbringen. Es ist dies alles eben eine Kunst, die nicht nur gelernt, sondern auch empfunden sein will, wie jedes rechte Handwerk.

Oft kann man aber in der beschriebenen Weise nicht unmittelbar auf das Objekt hin präparieren, sondern muß es erst in einiger Entfernung umgehen, indem man viel Gestein weghaut, vielleicht auch eine grabenartige Vertiefung herumlegt und dann nach der Fossilseite hin von unten herauf näher kommt, um es abzuheben. Dann bleibt zum Schluß nur eine dünne Gesteinswand zwischen Fossil und vordringendem Meißel übrig, die sich dann durch Druck mit dem Werkzeug leicht absprengen oder mit dem Messer abheben läßt. Es kann, weil sich nicht für jeden Einzelfall Anweisungen geben lassen, im allgemeinen als Regel gelten: je dünner die dem Fossil aufliegende Gesteinsschicht geworden ist, um so mehr Wahrscheinlichkeit einer letzten Wegpräparierung derselben ohne Verletzung des Stückes.

Bei Vorkommen, in denen das Fossil als Steinkern steckt und dieser aus demselben Material besteht wie das umhüllende harte Gestein, besteht vielfach keine homogene Verbindung zwischen beiden, sondern eine äußerst feine Unstetigkeitsfläche, die auf jeden Fall eine Schwächezone bedeutet. Wenn das Vorhandensein dieser Diskontinuitätsfläche nun auch beim Meißelarbeiten keineswegs immer ein Abblättern der Fossiloberfläche zugleich mit dem weggesprengten Gestein verhindert, so kann man sich dies doch anders zunutze machen, um wenigstens das Fossil im Gesteinszusammenhang zu lockern und dadurch eine bessere Möglichkeit für das Freilegen durch den Meißel zu erhalten. Dies geschieht einmal durch *Erhitzen* über einer Gasflamme und sofortiges Eintauchen in kaltes Wasser. Zuweilen springen bei diesem Verfahren die Fossilien, besonders wenn es ganze Ansammlungen von ihnen sind, so schön heraus, daß eine Nachbehandlung mit dem Meißel überhaupt überflüssig wird; doch darf besonders Kalkgestein bei diesem Verfahren ja nicht geglüht werden, weil sonst ungelöschter Kalk entsteht und das Fossil sich in Pulver auflöst, wenigstens an seiner Oberfläche. Ist die Grenzfläche zwischen Fossilien und Gestein überhaupt etwas locker, dann nimmt man wohl am besten den Gesteinsbrocken in die linke Hand und führt mit einem stärkeren Hammer erschütternde, nicht zertrümmernde Schläge darauf, wobei im Augenblick des Aufschlagens die Linke mit dem Gesteinsstück etwas nachgibt. Es werden sich dann die Fossilien größtenteils wie Nüsse aus ihrer getrockneten grünen Schale lösen.

Oft wird die *Zwickzange* bessere Dienste tun, besonders bei sehr kleinen körnerartigen Stücken, die man vom Gestein befreien will. Sie darf, wenn das Objekt gestreckt ist, im allgemeinen nicht der Länge nach, also nicht parallel zu ihm angesetzt werden, weil hierbei ungleicher Druck entsteht und weil die durch den Druck der Zangenbacken entstehenden Gesteinssprünge meist rechtwinkelig zu diesen auftreten.

Aus einem ähnlichen Grund ist es auch unzweckmäßig, größere Gesteinsteile mit einem Flachmeißel auf einmal wegbringen zu wollen. Man zerstört damit meistens das Fossil. Nur ein starker Spitzmeißel sprengt, ohne die Gefahr der mehrseitigen Zersplitterung, geschlossene Gesteinsteile weg, und eine Regel sollte es sein, auf einen Schlag möglichst wenig, nicht möglichst viel wegzubringen. Ein Flachmeißel dagegen wird sich mit Erfolg zum Abheben von schieferigen, und zwar nicht allzu fest gefügten Gesteinslagen verwenden lassen, also nicht so sehr durch Schlagen mit dem Hammer, als vielmehr durch leichteres Daraufhämmern oder Abstemmen, wobei aber ein starkes Messer oft bessere Dienste tut.

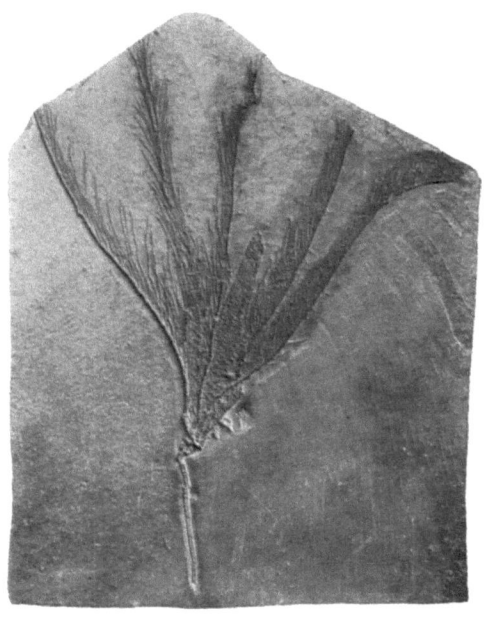

Abb. 30. Feine Seelilie, aus tieferem Stillwasser des Devonmeeres. Unterdevonischer Dachschiefer, Bundenbach. Der als Schwefeleisen erhaltene Körper ist mittels Stahlbürste aus dem Dachschiefer herauspräpariert. Verkl. (Original.)

Ist aber das Schiefergestein so hart, daß ein mit der Hand geführtes oder mit dem Hammer hineingetriebenes Messer nicht eindringt, dann ist auch der kräftige Schlag auf den Flachmeißel stets von Übel. Man wird dann auch bei Schiefergesteinen besser die oben beschriebene Methode für gewöhnliche Hartgesteine anwenden. Schiefergesteine können auch dadurch zuweilen sicher gespalten werden, daß man nicht den immer nur eine einzige Fläche trennenden Breitmeißel benützt, mit dem man zudem nicht immer die richtige Fläche trifft, in der das Fossil gerade lagert; sondern indem man mit einem breitbackigen Hammer die in der Linken gehaltene Platte mit kurzen leichten, rasch hintereinander geführten Schlägen an den Schmalseiten so erschüttert, daß sie an den durch die Fossileinlagerung dazu prädestinierten Flächen von selber richtig springt. Oft werden mehrere, sich dabei ergebende Sprungflächen von Fossilien belegt sein, die auf solche Weise am ergiebigsten ans Licht kommen. Auf keinen Fall darf man Schiefer beim Präparieren mit dem Meißel auf eine starre Unterlage bringen oder hohl liegen lassen.

Enthält ein Kalkmergel oder Schiefer Fossilien in Schwefeleisen umgewandelt, so kann man infolge der verhältnismäßigen Härte des Schwefelkieses durch fortgesetztes Überstreichen mit einer *Messing-* oder *Stahlbürste* allmählich das umgebende Gesteinsmaterial wegbringen, ohne daß das Fossil dabei besonders leidet (Abb. 3o). Ganz zu vermeiden ist dies aber nicht, und für sehr fein skulptierte oder mit feinen Anhängen und Stacheln versehene Körper (Krebse) wird man zu spitzen Stahlnadeln greifen, mit denen man durch Kratzen unter der Präparierlupe arbeitet. Diese Methode ist sehr zuverlässig. Es ist in den Museen früher schon unendlich viel wertvolles Material durch unvorsichtiges und sachunkundiges Präparieren verdorben worden.

Überhaupt ist es nötig, bei besonderer Kleinheit des Objektes oder bei besonderer Feinheit seiner Ränder und Oberfläche unter der (binokularen) *Präparierlupe* zu arbeiten. Legt man z. B. innerste, mikroskopisch kleine Anfangsteile etwa von Ammonshörnern frei, so wird man die äußeren größeren Umgänge zunächst mit der Zange wegzwicken, dann aber das klein gewordene Objekt unter dem Vergrößerungsglas in Öl oder Kanadabalsam oder weiches Wachs in ein niederes Gefäß legen, wo man es dann mit einer Nadel oder einem Beinstäbchen festhält und mit einer anderen Nadel bearbeitet, um ein Wegspringen zu verhüten.

Um Fossilien oder Teile von solchen, die man überhaupt nicht aus dem sie umgebenden Gestein befreien kann, dennoch für die Untersuchung zugängig zu machen, fertigt man einen *Dünnschliff* an und studiert sie im Durchschnitt, wobei sich oft sehr charakteristische Strukturen zeigen, nach denen man die Formen bestimmen kann.

Um einen Gesteinsdünnschliff zu erzielen, schleift man ein Fossilstück am Schleifstein oder auf einer feinen, mit Schmirgel bestreuten Eisen- oder Mattglasplatte unter entsprechender Zugabe von Wasser bis an die Stelle ab, welche die mikroskopisch zu untersuchende Ebene bedeutet. Die so erreichte Fläche wird zuerst auf einer nassen Mattglasplatte ohne Schmirgel, dann auf einem mit Bimssteinpulver bestreuten Weichholzbrett oder Hartleder poliert, was aber nur geschehen kann, wenn die Schlifffläche vorher schon vollkommen horizontal war. Ist sie dann poliert, so läßt sie sich auf den ebenfalls planen Objektträger aufkitten.

Dieses Aufkitten beruht auf zweierlei Momenten: der Adhäsion der beiden spiegelnden Flächen und dem Ankitten durch einen geeigneten Kitt. Vielfach nimmt man dazu Kanadabalsam, dessen richtige Anwendung für den Ungeübten aber schwierig ist; man muß ihn über dem Bunsenbrenner lösen, wobei leicht Überhitzung und Bläschenbildung sich einstellt, die das Material für den gedachten Zweck unbrauchbar machen. Erhitzt man zu wenig, so bleibt es später auf dem Objektträger zähe und hält den Schliff nicht fest. Durch den (von Voigt & Hochgesang, Göttingen, eingeführten) Kollolith ist das Arbeiten mit Kanadabalsam glücklich überwunden. Man erwärmt das unter gewöhnlicher Temperatur harte Mittel, nachdem man ein entsprechendes Stückchen auf den Objektträger gebracht hat, über der Flamme, legt gleichzeitig das angeschliffene Gesteinsstück darauf und erwärmt weiter bis zur genügenden Verflüssigung des Kolloliths, der nicht ins Kochen geraten darf. Dann legt man das Glas auf den ebenen Tisch und drückt mit einem Streichholz oder Meißel das Gesteinsstück ohne Hin- und Herzittern fest an das Glas, bis zum Erhärten des Kolloliths.

Wenn das Klebemittel vollständig kalt und erhärtet ist, beginnt das Abschleifen des Fossils von der unbearbeiteten, nunmehr oberen Seite her. Man nimmt den nicht zu dünnen

Objektträger zwischen die Fingerspitzen, die man möglichst flach ausstreckt, und schleift — analog dem oben für das noch unaufgekittete Objekt angegebenen Verfahren — das Stück so lange ab, bis es durchscheinend wird. Zuletzt ist größte Vorsicht am Platze, damit nicht das so entstandene Gesteinshäutchen weggerissen oder ganz weggeschliffen wird. Ist eine der Struktur entsprechende Dünne erreicht und das, was beobachtet werden soll, mit der Lupe gegen das Licht gehalten sichtbar, dann wird der feine Schmirgelrest oder der beim Reiben ohnedies auf dem Objekt entstandene Gesteinsschlamm vorsichtig abgespült und das Stück auf einer feinmattierten angenäßten Glasplatte durch kurzes nochmaliges Abreiben von seinen darauf befindlichen Schleifkritzern und festgefahrenen Schmirgelresten befreit, abgewaschen und gut getrocknet.

Erst nach völligem Austrocknen kann nun das Objekt mit einem Deckglas eingedeckt werden. Dies geschieht mittels Kollolith, der in viel Xylol gelöst ist. Ohne Bläschen zu erzeugen und ohne Erwärmung muß das Deckglas auf das so bestrichene Objekt, von links nach rechts absenkend und ohne es fallen zu lassen, übergelegt werden. Sollte trotz aller Vorsicht das eine und andere Luftbläschen dennoch vorhanden sein, so kann es oft durch leichten Druck auf das Deckglas unter dessen gleichzeitigem Hin- und Herschieben noch aus dem Kreis des bedeckten Objekts herausgebracht oder wenigstens an eine unschädliche Stelle verlegt werden; andernfalls muß das Deckglas sehr vorsichtig abgehoben und ein neues darübergebracht werden. Bei dieser Prozedur zerreißt sehr leicht der Schliff auf dem Objektträger, weil inzwischen das Xylol den früheren Kitt gleichfalls aufgelöst haben kann. Der so fertiggestellte Schliff muß nun so lange horizontal liegend aufbewahrt werden, bis das Xylol völlig verdunstet und das Deckglas angewachsen ist.

Die beschriebene Methode kann ebenso auch für poröse, d. h. nicht kompakte Fossilien und Fossilteile angewandt werden; nur müssen dann deren Löcher und Poren zuerst mit flüssigem, eventuell in Xylol gelöstem Kollolith getränkt und so durch nachfolgendes Trocknen das Ganze in ein kompaktes

Gestein umgewandelt werden. Dann wird es wie ein festes Gesteinsstück nach der oben angegebenen Methode von Anfang an bearbeitet.

Will man aber nicht nur einen Durchschnitt haben, sondern die Gesamtform des Fossils kennenlernen, ohne es aus dem Gestein herauspräparieren zu können, so schleift man maschinell das ganze Gestein an und verfertigt durch ent-

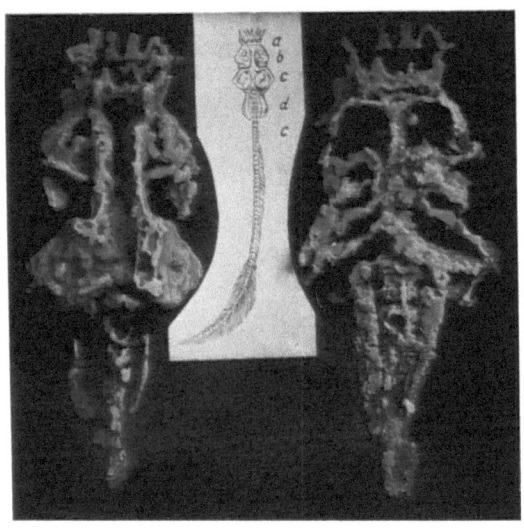

Abb. 31. Modelle der Unter- und Oberseite eines sehr kleinen Knorpelfisches aus devonischem Quarzit Schottlands. In der Mitte Zeichnung des Fisches in natürl. Größe; rechts und links Wachsmodelle. Vergr. (Nach einem im Münchener Museum befindlichen Original von Bashford Dean.)

sprechendes Ausschneiden eines Kartons oder einer dünnen Wachsplatte ein unmittelbares Abbild des Querschnittes. Sodann schleift man abermals um einen ganz bestimmten Betrag, welcher der Dicke solcher Karton- oder Wachsplatten genau entspricht, eine Lage ab und fertigt von dem nun sich ergebenden Durchschnitt wiederum ein solches Modell. So weiter, bis in genau bemessenen Etappen das ganze Fossilobjekt samt Gestein abgeschliffen ist. Die mittlerweile Stück um Stück aufeinandergelegten papierenen oder wächsernen Ausschnitte geben dann das plastische Modell des nun allerdings verschwundenen Fossils wieder (Abb. 31).

Es kommt zuweilen vor, daß die Gesteinsplatten und die darin eingebetteten Objekte, besonders Knochen von Wirbeltieren, so brüchig und mürbe, ja sogar pulverig sind, daß von einer Erhaltung und Konservierung an sich keine Rede sein könnte. Da bewährt sich folgendes Verfahren: Man bereitet sich eine Zementmasse, kratzt vorsichtig mit Nadeln und Messerspitzen das schlechte Material weg, härtet zugleich mit einem in Leim oder in Xylol sehr verdünnten flüssigen Kollolith getauchten Pinsel die Knochenteile und gibt an Stelle des weggenommenen Gesteins den Zement. Verfährt man so

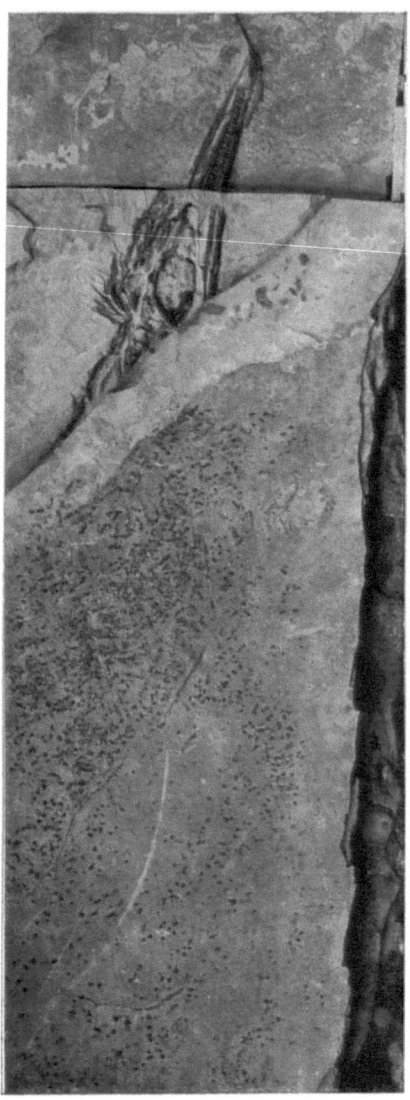

Abb. 32. Schieferplatte mit der Fischechse Ichthyosaurus im natürlichen Fundzustand vor der Präparation. Liasformation. Holzmaden, Württemberg. Sehr verkl. (Photographie von Dr. B. Hauff in Holzmaden.)

auch von der anderen Plattenseite her, so kann es schließlich gelingen, ein vollständig gehärtetes Skelett in einer ganz neuen Gesteinsplatte eingebettet zu haben.

Für dieses, besonders bei blätterigem, schieferigem oder pulverigem Gestein äußerst erfolgreiche Verfahren ist wohl das klassischste Beispiel die Präparation der Fischechse (Ichthyosaurus) aus der unteren Stufe der Juraformation (Lias) von Holzmaden in Württemberg. Schwarze Schiefer, in einem durch Schwefel und Faulschlamm am Boden sehr angereicherten Meeresbecken (vgl. Kapitel 2, S. 19), haben die zusammengepreßten Kadaver dieser Tiere u. a. geliefert. Der verdienstvolle Sammler und Steinbruchbesitzer Hauff in Holzmaden entdeckte in jungen Jahren an den Skeletten dieser Tiere Hautspuren und versuchte, diese herauszupräparieren, was ihm mit der

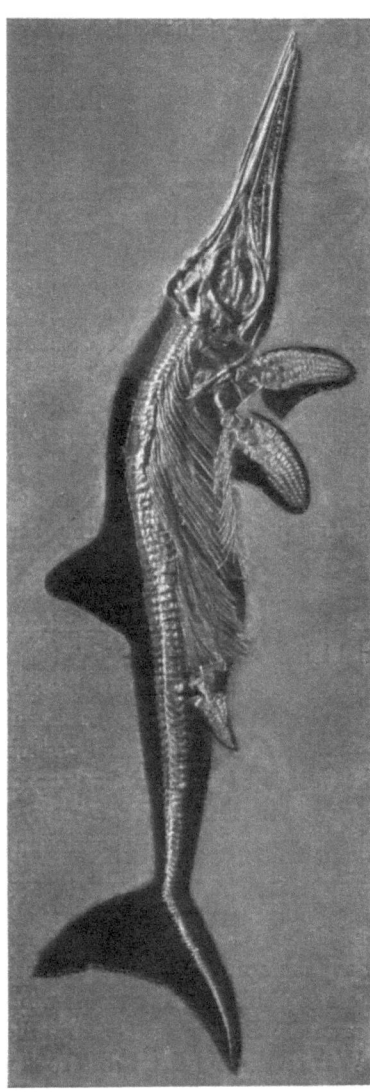

Abb. 33. Schieferplatte mit der Fischechse Ichthyosaurus, umgebettet und präpariert, mit vollständigen Hautumrissen. Liasformation. Holzmaden, Württemberg. Sehr verkl. (Phot. von Dr. B. Hauff in Holzmaden.)

Zeit in so vorzüglicher Weise gelang, daß man jetzt den vollständigen Hautumriß dieser Tiere kennt (Abb. 32 u. 33).

Es kommt zuweilen auch vor, daß Skeletteile von Wirbeltieren in einer Gesteinsplatte als Knochen erhalten sind, der übrige Teil des Skelettes jedoch nur in vertieftem Abdruck da ist. Dann opfert man, ähnlich wie im vorigen Fall, die Skelettreste, indem man alle vorhandenen Knochen und Knochenteile völlig auskratzt, um so ein Negativ des gesamten Skelettes wenigstens zu haben. Dieses gießt man sodann mit Guttapercha aus und bekommt so ein Positiv des gesamten ehemaligen Skelettes.

Am einfachsten natürlich ist die Fossilherrichtung, wenn die an sich festen Stücke schon von Anfang an in losem Sand oder Ton gefunden werden. Man liest sie dann einfach heraus und braucht sie höchstens durch Leimwasser nachzuhärten. Sind die Fossilien aber sehr klein und der Sand sehr grob, dann schüttet man alles in ein Kästchen und schiebt mit einer Nadel die ausgelesenen Stücke zur Seite. Eine Pinzette zum Herausnehmen ist in solchem Fall meist wenig empfehlenswert, weil man mit ihr zarte Schälchen zerpreßt; dagegen wird oft ein immer wieder naß gemachtes Holzstäbchen erlauben, die feinen Stückchen durch Betupfen herauszunehmen, weil sie an dem feuchten Holz einen Augenblick hängen bleiben.

Ein anderes Verfahren, das besonders bei Ton Anwendung findet, ist das *Schlämmen*. Es beruht auf der Möglichkeit, Stoffe und feine Körner oder Fossilobjekte, deren spezifisches Gewicht verschieden ist, in entsprechend schweren Flüssigkeiten, gewöhnlich schon in Wasser, einerseits durch Suspension, andererseits durch Niedersinken voneinander zu trennen. Hat man etwa einen Ton mit mikroskopischem Fossilinhalt (Foraminiferen, Schneckenschälchen), so löst man ihn in Wasser. Unter vorsichtigem Umrühren mit einem Stab gießt man das schlammige Wasser vorsichtig ab und verfährt mehrmals so, bis der Tonschlamm weggebracht ist. Dann findet man am Boden des Gefäßes die frei gewordenen Schälchen. Waren diese lufterfüllt, so kann man auch den Ton im Gefäß absitzen lassen und wird dann die Gehäuse obenauf schwimmend finden. Sind die Fossilien sehr klein, aber doch von dem Gesteinspulver oder Sand, in dem sie sich befinden, an Größe verschieden, so wird ein Durchschütteln des Materials durch Gaze oder ein feines Sieb, ja unter Umständen ein vorsichtiges Wegblasen der Sandkörner genügen, um beides zu trennen.

Wo die mechanischen Präparationsmethoden, wie sie geschildert wurden, nicht ausreichen oder nicht möglich sind, können schließlich in einzelnen Fällen auch *chemische Verfahren* zum Ziele führen. Für den gewöhnlichen praktischen Gebrauch kommen eigentlich bis jetzt nur zwei in Betracht.

Das eine besteht darin, daß man in Kalk eingebettete verkieselte Fossilien durch Einlegen in verdünnte Salzsäure aus ihrem Muttergestein durch dessen Weglösung befreit. Doch ist es notwendig, bei Objekten mit sehr feiner zelliger Struktur, wie es etwa die Gerüste von Kieselschwämmen sind, die Säure stark zu verdünnen, weil durch ein zu energisches Einwirken und die dabei reißend sich entwickelnde Kohlensäure die Skelette zerstört werden.

Eine andere Methode, die jedoch nur anwendbar ist, wenn das aus reinem kohlensauerem Kalk bestehende Objekt in verwitterten Mergel eingebettet ist, beruht in der Eigenschaft des Ätzkali, im Augenblick seines Überganges aus dem festen in den gelösten Zustand solches Gestein, nicht aber den reinen Kalk des Fossils aufzulösen. Man legt kleine Stückchen des Ätzkali auf, bespritzt sie mit Wasser und läßt das Ganze 12—24 Stunden stehen. Dadurch bildet sich aus dem verhältnismäßig festen Mergelgestein ein Schlamm, der nun unter Wasser abgewaschen oder abgebürstet werden kann. Man wiederholt das Verfahren bis zur gewünschten Freilegung des Fossils. Am besten arbeitet man mit Gummifingern, weil das Ätzkali die Haut der Hände rasch auflöst, wie auch sonstige organische Stoffe (Kleider) sofort zerfrißt. Nach Entfernung des Schlammes und Trocknen des Fossils bildet sich ein weißer Kalküberzug, der durch Abbürsten mit sehr warmem Wasser unter Zugabe von etwas Salzsäure entfernt bzw. in seiner Bildung vor Trocknen des Objektes hintangehalten wird.

Das *Kitten* zerbrochener Fossilien geschieht mit Gips, der in flüssigem Gummiarabikum aufgelöst und zu Brei gerieben wird. Ist das Fossil kompakt, so genügt ein einmaliges Auftragen auf die Bruchränder, die dann zusammengehalten werden müssen, bis die Masse etwas getrocknet ist. Ist dagegen die Masse des Fossils porös, so muß die Bruchfläche vorher mit verdünnter Gummiarabikumlösung fein bestrichen werden. Nach dessen Eintrocknung erfolgt das genannte Verfahren. Die nach Aufeinanderpassen der Bruchflächen austretende Kittmasse wird kurz vor der endgültigen Erhärtung mit einem Messer weggeschabt.

Handelt es sich bei solchem Kitten um sehr dünne Schalen, deren Bruchflächen so linienschmal sind, daß die nötige Festigkeit durch einfaches Kitten nicht erreicht wird, dann bleibt nichts übrig, als die meist wenig wichtige Innenseite mit einer stärkeren Lage der Kittmasse auszufüllen. Auch lange Platten muß man, um die gekittete Stelle nicht erneutem Bruch auszusetzen, entweder mit der Kittmasse dick unterlegen, oder auf einen Pappdeckel oder ein Brettchen solcherweise aufkleben, oder noch besser in einen Holzrahmen fassen.

Die Herstellung von *Gips-* oder *Schwefelabgüssen* von Fossilien erfolgt unter den für sonstige Objekte überall angewandten Methoden und ist bei jedem Gipsformer unschwer zu erfragen. Sie hier zu beschreiben, würde zu weit führen.

Bringt man auf keine der beschriebenen Arten das Objekt aus dem Gestein heraus, oder ist es wegen dessen Zartheit untunlich, solches überhaupt zu versuchen, so bleibt noch ein letzter Weg übrig, es wenigstens der Untersuchung besser zugängig zu machen: das Photographieren mit der Quarzlampe in *ultraviolettem Licht*. Dieses ruft eine Phosphoreszierung der dünnen Fossilmasse hervor, während Abdrücke und Gestein nicht derart reagieren. Die genannte Methode ist aber kaum für den Privatsammler anwendbar, sondern bedarf großer Übung und einer entsprechend teuren Apparatur. Auch muß äußerst sorgfältig gearbeitet werden, weil selbst eine nur feine Staubschicht oder ein Fingerabdruck auf dem Objekt im Bilde dann erscheint.

Wenn fossile wirbellose Tiere, also wesentlich schalentragende, auch oftmals zerbrochen sind, so lassen sie sich doch meistens ohne Schwierigkeit ergänzen; oder man hat auch so viel Stücke, daß es auf die zerbrochenen weniger ankommt. Dagegen sind die Skelette von Wirbeltieren, außer Fischen, meistens Unika und gewöhnlich nicht vollständig aus den Schichten, in denen sie gefunden werden, zu bekommen. Man muß sie also ergänzen.

Die Grundlage der ganzen Rekonstruktion ist zunächst einmal die Herbeischaffung aller Körperteile, aller Skelettknochen. Sind diese bei dem Fossilfund nicht alle vorhanden, so müssen sie nach anderen Exemplaren derselben Art oder Gattung beschafft werden, sei es, daß man aus anderen Funden Stücke entsprechender Größe herholt oder sie aus anderen Museen eintauscht oder sich Abgüsse beschafft. Die meisten fossilen Skelette in unseren Museen sind auf solche Weise aus den Resten mehrerer Individuen oder aus ergänzten Stücken mit aufgebaut. Manche Forscher lieben es, die nachgeahmten Skeletteile äußerlich ebenso herzurichten wie die Originalknochen. Dann erscheint das aufgestellte Skelett wie ein Ganzes. Zweckmäßiger ist es aber, die abgegossenen und derart ergänzten Stücke in etwas anderer Farbe zu halten, damit der Beschauer sofort sieht, was Original und was Ergänzung ist.

Es ist meistens nicht möglich, sich ein richtiges Urteil über den Bau und die Haltung eines fossilen Skelettes zu bilden, auch wenn man dieses vollständig mit allen seinen Teilen aus einer Schicht ausgegraben hat (Abb. 34). Denn niemals ist es in so tadellosem unverschobenen oder unverdrückten Zustand vorhanden, daß man es nur wie das eines Lebenden zu montieren brauchte. Fast immer wird es notwendig sein, sich über die Haltung der Gliedmaßen, die Krümmung der Wirbelsäule, die Stellung der Extremitäten, ihre Streckung oder Knickung mit wohlüberlegten Gründen Rechenschaft zu geben, damit nachher bei der Montierung nicht ein unnatürliches Bild des Skelettes sich ergebe, wie man es in den Museen häufig noch aus älterer Zeit antrifft, und wobei man dann mehr den Eindruck eines Raritäten- oder Petrefaktenkabinetts als eines naturwissenschaftlichen Instituts bekommt. Nächstdem besteht also die Aufgabe, die Knochen so zusammenzufügen, daß sie der natürlichen Haltung des Skelettes

Abb. 34. Ausgrabung eines riesigen Dinosauriers aus der Kreideformation in Wyoming. (Nach Matthew 1915.)

im ehemals lebenden Körper entsprechen (Abb. 35). Hier hat nun die vergleichende Anatomie und die Beobachtung lebender Arten einzusetzen. Ist die zu montierende

Abb. 35. Altertümliches Reptil der Dyaszeit. Texas. In natürlicher Stellung montiertes Skelett. (Nach einem von Prof. Broili im Münchener Museum aufgestellten Original.) ca. $1/5$ nat. Größe.

oder zu rekonstruierende fossile Art einer lebenden gleich, so wird man keiner besonderen Studien bedürfen, vorausgesetzt, daß das zum Vorbild dienende rezente Skelett selbst richtig zusammengesetzt und aufgestellt ist. Anderenfalls muß man eben zu den nächstverwandten lebenden Arten greifen und sich klar werden, ob man das fossile Skelett ebenso herstellen darf.

Und hier kommt nun die Schwierigkeit, welche die Montierung und Rekonstruktion fossiler Skelette zu einer Wissenschaft werden läßt. Denn jeder Tierkörper ist ja eine ,,Anpassung" an seine Lebensweise und seine Umwelt. Betrachten wir nur den Unterschied zwischen einem Raubtierskelett, wie dem des Löwen, und einem Wiederkäuerskelett, wie dem des Schafes, so wird uns die große Verschiedenheit sowohl seiner allgemeinen Haltung, wie auch seiner anatomischen Eigenschaften im einzelnen auffallen. Das Gebiß, die Ansatzstellen für die Muskulatur am Schädel, der Bau der Extremitäten, die Gestaltung der Gelenke und hundert Einzelheiten sind in ihrer gegenseitigen Verschiedenheit bedingt und zu verstehen durch die ,,Biologie" dieser Tierformen. Eine sinnvolle Rekonstruktion von einzelnen Skeletteilen, wie auch eine richtige Aufstellung des Skeletts hängt also durchaus davon ab, welchen biologischen Charakter das fossile Tier hat (vgl. II. Kap. 3).

Aber nicht nur bei so großen Verschiedenheiten ist man zu Überlegungen in dieser Richtung gezwungen, sondern auch innerhalb engerer Gruppen. So sind ja unter den dem Löwen verwandten Raubtieren wiederum die allerverschiedenartigsten biologischen Typen vertreten, wie auch unter den Huftieren und Wiederkäuern. Haben wir also Teile eines fossilen Raubtierskelettes, das nicht völlig identisch mit einer bestimmten lebenden Art ist, also auch nicht ohne weiteres nach dieser geformt und aufgestellt werden kann, so müssen wir uns aus den vorhandenen Knochen eben Rechenschaft zu geben versuchen, welcher lebenden Raubtierart es wohl biologisch am nächsten gekommen sein dürfte. Wir untersuchen die einzelnen Zähne, den Bau des Schädels, den der Extremitäten und Gelenke, und werden erst so durch eine gründliche Vergleichung mit Lebenden allmählich Anhaltspunkte auch über die Lebensweise, über das „biologische Gebaren", also auch über die richtige Aufstellung des fossilen gewinnen (Abb. 36). Oft kommt es nun vor, daß solche fossilen Skelette besondere Eigentümlichkeiten zeigen, die wir an lebenden nicht beobachten. Dann ist es Sache noch weitergehender Überlegungen und umfassenderer Vergleiche mit ganz anderen Grup-

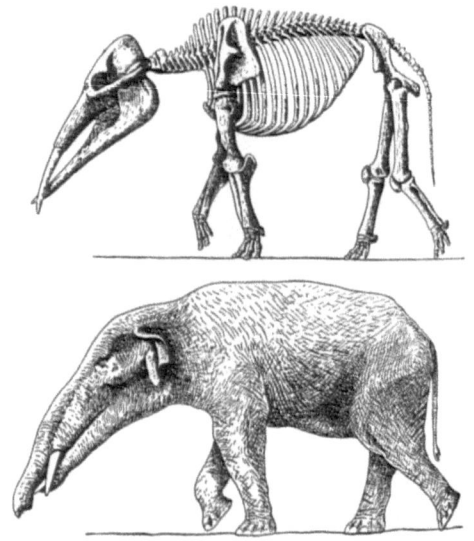

Abb. 36. Skelett und Rekonstruktion eines tertiärzeitlichen Elefanten (Mastodon) in natürlicher Bewegung. (Aus Abel 1925.)

pen, aus anderen Ordnungen oder Klassen der Wirbeltiere, Analoges im Skelettbau aufzusuchen und danach nun die besonderen Eigentümlichkeiten auszudeuten.

So treffen wir im Erdmittelalter sehr viele Typen von Echsen an, die allesamt keine reinen Landtiere, sondern teilweise oder vollständig Meeresbewohner waren. Besitzen wir nun von ihnen nur Teile ihres Skelettes, so dürfen wir ihnen nicht ohne weiteres in der Ergänzung Skeletteile hinzukonstruieren, die den uns bekannten Echsen entsprechen; sondern wir werden gezwungen sein, in anderen Gruppen Umschau zu halten, also etwa beispielsweise bei den lebenden Delphinen oder Walen, die jedoch einer ganz anderen Gruppe von Wirbeltieren zugehören und gar nicht mit jenen erdmittelalterlichen Meeresechsen „verwandt" sind. Und dennoch liefern sie uns bei richtig angewandtem Vergleich eben jene biologischen Daten, nach denen wir die besonderen Eigentümlichkeiten jener Echsenskelette als „Anpassung" an eine bestimmte Lebensweise — nämlich die des Schwimmens im Meere — deuten und ihnen so aus Analogie etwa mit dem Delphinskelett die richtige Form geben können. In diesem Falle also müssen wir uns in einem ganz anderen Formenkreis Rats erholen und nicht bei den „Nächstverwandten".

Manche Skelette sind nur teilweise verkalkt, im übrigen aber noch knorpelig. Infolgedessen fallen bei der Fossilisation die knorpeligen Teile weg, und nur die verknöcherten bleiben übrig. Geht das nun so weit, daß innerhalb ein und desselben Skelettstückes diese beiden Strukturen bestehen, so kann es vorkommen, daß man Wirbel oder sonstige Einzelknochen findet, die ganz unvollständig sind. So sind bei den ältesten Amphibien die Wirbelkörper nur teilweise verkalkt und bestehen daher im fossilen Zustand lediglich aus Plättchen und Stückchen. Auch die Gelenkenden der Knochen mancher Reptilien der Erdmittelalters waren knorpelig (Abb. 46), und so erlauben solche, im fossilen Zustand unvollständigen Gelenkköpfe nicht, die richtige Art und Weise des Aneinandergelenkens der Extremitätenteile unmittelbar zu ermitteln. Dies bringt dann große Schwierigkeiten für die Aufstellung solcher Skelette in ihrer natürlichen ehemaligen Haltung mit sich (Kap. II,3, S. 91 ff.).

Will man nun die Körperform selbst, also Weichteile und Haut rekonstruieren, so ist wiederum das erste Erfordernis, durch einen Vergleich mit anatomisch bzw. biologisch ähnlichen lebenden Formen sich über gewisse natürliche Möglichkeiten klar zu werden. Aus der Gestalt der Knochen, den statischen Notwendigkeiten, also nach den gegebenenfalls zu errechnenden Hebelkräften und dergleichen Erwägungen und Beobachtungen ergeben sich dann, unter ständigem Vergleich mit ähnlich gebauten lebenden Tieren, gewisse Muskelkomplexe, welche die nächste Grundlage für die Ausfüllung des Körperumrisses liefern. Selten ist ja auch die Haut fossil erhalten; man muß sie dann durch näherliegende Vergleiche mit entsprechenden lebenden mutmaßlich übertragen. Doch zuweilen kommt jene vor, und dann wird über das Aussehen, das man der Körperaußenseite zu geben hat, kaum ein Zweifel mehr walten. So hat man u. a. bei dem neben abgebildeten Saurier Triceratops und ähnlichen Formen aus

Abb. 37. Gehörntes und mit Nackenpanzer versehenes Riesenreptil (Triceratops). Kreideformation. Nordamerika. Die Haut ist mit rundlichen Schuppen verschiedener Größe besetzt. (Aus Gilmore 1919.)

den Kreideschichten von Nordamerika (Abb. 37) mit dem Skelett zusammen kleine knöcherne Platten, Buckel und Stacheln gefunden und weiß daher, daß die Haut mit solchen besetzt war; aber mangels eines bestimmten Zusammenhanges weiß man im einzelnen nicht, wie diese aussah. Man ist daher auf entsprechende Beobachtungen bei lebenden Echsen angewiesen und kann auch nach bestimmten biologischen Überlegungen hier eine gewisse sinnvolle Anordnung treffen.

Aus alledem geht hervor, wie umsichtig und mit wie weitreichenden Kenntnissen der Paläontologe verfahren muß, um wirklich zu einer richtigen Darbietung seines Materials zu gelangen und dem Beschauer einen wahrhaftigen Anblick des fossilen Tieres zu bieten und nicht nur ein Raritätenkabinett von Knochen und Schalen aufzubauen. Rekonstruktion der vorweltlichen Tiere und Biologie derselben gehen also eng verbunden miteinander, und ohne biologisches Denken und Wissen ist, wie man sieht, nicht einmal eine richtige paläontologische Sammlung aufzustellen. Da dies aber leider nicht immer zutrifft und früher noch schlimmer war, so erscheint es aus diesem Grunde begreiflich, warum Zoologen und Botaniker vielfach mit einer gewissen Gleichgültigkeit auf die Ergebnisse der Paläontologie herabsehen, weil sie nicht nur das höchst fragmentäre Material, sondern auch die oft unüberwindbaren Schwierigkeiten erkennen, womit der Vorweltforscher zu ringen hat, um aus oftmals unzureichenden Resten seine Folgerungen zu ziehen und ein „richtiges" Stück herzubringen.

II. Wissenschaftliche Paläontologie.

Nach Erlangung und Herrichtung des Materials, wie dies der vorige Abschnitt schilderte, kommen wir erst zur eigentlichen Auswertung desselben, also zur wissenschaftlichen Paläontologie. Die Fossilien liegen uns in den Erdschichten, den Formationen, zeitlich wohlgeordnet vor. So läßt sich mit Hilfe der stets wechselnden, nie in derselben Form wiederkehrenden, aber in bestimmten Zeitabschnitten vielfach sehr gleichartigen Lebewesen vor allem eine erdgeschichtliche und damit lebensgeschichtliche *Zeiteinteilung* gewinnen. Hand in Hand damit geht das Bemühen, die fossilen Tier- und Pflanzenreste zu bestimmen, d. h. ihre formale Zugehörigkeit zu den Ordnungen, Familien, Gattungen der heutigen bzw. ihre Unterschiedlichkeit von diesen zu erkennen, zu beschreiben und durch systematische Beilegung eines Gattungs- und Artnamens zu fixieren. Von da führen alsdann zwei Wege weiter. Der eine ist geologischer Art, insofern mit Hilfe der

Fossilien erkannt wird, ob die Schichten, in denen sie ruhen, solche eines ehemaligen Festlandes oder eines ehemaligen Meeres sind. Danach lassen sich die *früheren Grenzen von Land und Meer*, also auch die wechselnde Verteilung dieser Elemente für alle einzelnen Zeitabschnitte der Erdgeschichte nachweisen. Da sowohl die Tiere wie die Pflanzen in ihrem Formcharakter auch ihre sonstigen Lebensverhältnisse widerspiegeln — man denke an den Unterschied von tropischen und nordischen Gewächsen, an den Unterschied von Korallentierwelten in südlich warmen Meeren und den armseligen Konchylienfaunen in unseren nordischen Gegenden — so wird man auch aus dem Formcharakter der fossilen Faunen und Floren auf die *klimatischen Bedingungen* ihrer Umwelt schließen und so ein Bild entwerfen können, das seinerseits noch durch die rein gesteinkundlichen Untersuchungsmethoden der Schichtungen und ihrer Gesteine ergänzt wird.

Der andere Weg der Fossilauswertung führt zu rein biologischen Fragen. Da gilt es vor allem, möglichst vollständig die Zahl der Arten und Gattungen irgendeines Bezirkes, irgendeines Gebietes, eines Meeresbeckens, eines Landes in bestimmter vorweltlicher Zeit durch liebevolles Aufsammeln und systematisches Bestimmen jedes Fossils und jedes Fossilbruchstückes zu ermitteln. Sodann ist der *Gesamtcharakter der Fauna und Flora* jedes erdgeschichtlichen Zeitabschnittes über die ganze Erde hin wiederzugeben. Es ist ferner der *Zusammenhang von Umweltsbedingungen und Lebewelt* im einzelnen und über die Erde hin für jede Zeitepoche darzutun. Es ist die *geographische Verteilung* der Gattungen und Arten von Zeitalter zu Zeitalter festzustellen. Endlich ist durch richtige zeitliche Aneinanderreihung des Gleichen und Ähnlichen ein Überblick über die Formentwicklung der Geschlechter durch die Erdzeitalter hindurch zu gewinnen. Und als Letztes und Höchstes schwebt uns vor, *die wirkliche Stammesentwicklung und die Gesetze der Lebensentfaltung* durch die Jahrmillionen hindurch zu erkennen, — kurzum: es ist nicht eine Versteinerungsbeschreibung, sondern eine Lebensgeschichte der Vorwelt oder *Paläobiologie* im eigentlichsten und tiefsten Sinn anzustreben.

1. Das Bestimmen der Fossilreste.

Wir nehmen zunächst an, daß wir es in unserem nun hergerichteten Fossilmaterial mit vollständigen Resten der Hartteile zu tun haben, also mit ganzen Konchylienschalen, ganzen Korallenstöcken, ganzen Krebspanzern, ganzen Wirbeltierskeletten. Aufgabe der Paläontologie ist es dann, die gefundenen Fossilien zu „bestimmen". Darunter versteht man den Vergleich des Fossils mit entsprechenden, durchaus bekannten lebenden Formen und die Feststellung seiner Identität bzw. Unterschiede von solchen „Nächstverwandten". Je nachdem bekommt das Fossilstück denselben Gattungs- und Artnamen wie das lebende; oder einen davon verschiedenen Artnamen, wenn es zur gleichen Gattung gehört und sich nur in seinen Artmerkmalen davon unterscheidet; endlich auch einen neuen Gattungsnamen, wenn es sich auch generisch unterscheidet. Ja es kann sein, daß der Fossilrest so fremdartig gegenüber allem Lebenden ist, daß man ihn auch als Vertreter einer eigenen „Klasse" oder „Ordnung" des Tierreiches ansehen muß (Abb. 29). Erschwert wird in einzelnen Fällen diese kritische Bestimmung dadurch, daß manche Tiergruppen nur wenig charakteristische Hartteile besitzen; oder überhaupt so fremdartig sind, daß wir sie nicht im gedachten Sinne bestimmen können. Das sind dann „Problematica" oder „Dubia", die jedoch nur einen verschwindend geringen Teil aller bekannten Fossilien ausmachen (Abb. 40, 41).

In den weitaus meisten Fällen, insbesondere bei den Versteinerungen aus jüngeren erdgeschichtlichen Lagen, wird ein Zweifel über die systematische Zugehörigkeit eines Fossilrestes kaum aufkommen. Denn die Schalen der Konchylien, der Zoelenteraten, der Stachelhäuter, ebenso wie die Knochen der Wirbeltiere sind doch so charakteristisch und dank der im letzten Jahrhundert ausgiebig betriebenen vergleichenden Anatomie so in ihren Formen beobachtet, daß wir sie auch aus dem fossilen Zustand heraus meistens ohne Schwierigkeit nach ihrer Gattungszugehörigkeit beurteilen können. Die Arten aus der letztvergangenen Epoche der Erdgeschichte, der Tertiärzeit, sind teilweise sogar ganz gleich den heutigen, wenigstens was die Sippen der niederen Tiere betrifft, oder sind ihnen wenigstens sehr nahe verwandt. Die Schwierigkeiten mehren sich aber, je weiter wir in der Erdgeschichte nach rückwärts gehen. Wir machen die Erfahrung, daß die Tierformen immer mehr von den jetzigen abweichen, je tiefer wir in der Zeitenfolge hinabsteigen; wenigstens gilt dies im großen ganzen, wenn auch nicht für jede einzelne Form oder Gattung.

Das System der Tiere und Pflanzen, auch das der fossilen, gründet auf dem von Linné (1707—78) durchgreifend angewendeten Verfahren, nach speziellen Abweichungen innerhalb engster Zeugungskreise Varietäten und Arten und Rassen, durch abstrahierende Zusammenfassung von deren Hauptmerkmalen Gattungen (Genera), und durch deren Gruppierung Ordnungen aufzustellen. Während die Erkenntnis der Arten auf unmittelbarer Erfahrung und Beobachtung der Fortpflanzungsfähigkeit beruht, sind Gattungen die nach dem rein dialektischen Verfahren gewonnenen Formabstraktionen, und auch die umfassenderen Kategorien der Familien, Ordnungen, Klassen und Stämme, welch letztere man auch als die Haupttypen des Lebensreiches bezeichnet. Diese rein formale Einteilung wurde durch die im 19. Jahrhundert auftauchende Idee der natürlichen (genetischen) Zeugungszusammenhänge aller Lebewesen unter allmählicher Umwandlung der Körperformen sozusagen erst mit Leben erfüllt; denn damit waren die Arten und Gattungen nicht mehr etwas Formales, sondern lebensgeschichtliche Stadien des Organischen geworden. Man behielt aber dennoch die alte Einteilung des Systems bei, weil es praktisch überhaupt nicht möglich wurde, statt der formalen Gruppen die gesamte Formenwelt in Stammlinien und Stammbahnen einzugliedern, die durch die Erdzeitalter hindurch sich als Umwandlungsreihen darstellen müßten, und bei denen die jetzt lebenden Arten alle als Endglieder der tief in die Vergangenheit hinunterreichenden Äste des „Stammbaumes" erscheinen müßten.

Die lebenden Gattungen und Arten sind gewissermaßen

Formen, die man in einer Horizontalfläche voneinander formell abgrenzt; die fossilen sind streng genommen Abgrenzungen in einer vertikalen Richtung, also in einem Zeitablauf. Es ergab sich nun der grundsätzliche Widerspruch zwischen Paläontologie und Zoologie oder Botanik, ob man die alte, aus der Horizontalfläche gewonnene Einteilung beibehalten könne, oder zu einer vertikalen, also entwicklungsmäßigen Anordnung übergehen solle. Praktisch wurde die Streitfrage bisher so entschieden, daß man die fossilen Formen in die aus der Jetztzeit, also aus der Horizontalzeitfläche abgenommenen Kategorien des Systems tunlichst einreiht.

Man erhielt aber auf diese Weise nun eine verschiedenwertige „Bestimmung" der lebenden und der fossilen Formen. Denn vielfach gehen die fossilen Arten und Gattungen durch mehrere Zeitstufen hindurch und sind dadurch vertikal umgrenzte Einheiten. Andererseits stellte es sich bei solcher Vertikalverfolgung der Formen durch die Erdzeitalter hindurch auch heraus, daß das, was man in der Jetztzeit oder in einzelnen früheren Zeithorizonten für eine morphologisch einheitliche Gattung ansah, von verschiedenen Stammbahnen her zusammenkristallisierte. Dann spricht man von „vielstämmigen" Gattungen oder Familien oder Ordnungen. So hat sich gezeigt, daß die Klasse der Fische, die Klasse der Reptilien usw. aus Formkomplexen bestehen, welche erdgeschichtlich von ganz verschiedenen Ausgangspunkten aus ihre „Entwicklung" genommen haben. Auch das, was man nur Gattungen nennt und was doch scheinbar engste Formenkreise bedeutet, hat sich in so vielen Fällen durch die Betrachtung der fossilen Formenfolge als mehrstämmig erwiesen, daß man an dem Prinzip der rein morphologisch-formalen Systemeinteilung und „Bestimmung" durchaus irre werden mußte.

Wenn wir also jetzt vom Bestimmen fossiler Formen sprechen und dabei so verfahren, wie oben angegeben wurde, nämlich den Vergleich mit den Lebenden als Grundsatz aufstellen und demgemäß das Fossile in das System der Lebenden, in das sogenannte „natürliche System" einfügen, begehen wir eigentlich eine Widersinnigkeit, deren Lösung bisher weder theoretisch noch praktisch gelungen ist und deren Klärung und Beseitigung sowie ihre Ersetzung durch eine den erdgeschichtlich-paläontologischen Tatsachen wirklich gerecht werdende natürliche Einteilung die eigentliche Aufgabe der Abstammungs- und Entwicklungslehre ist.

Als Beispiel für das hier nun nötig werdende tastende Vorgehen des Paläontologen seien die Ammonshörner (Abb. 21, S. 29 u. Abb. 39) angeführt, die für gewisse Zeitabschnitte der Erdgeschichte zu den häufigsten, besterhaltenen und charakteristischsten Versteinerungen gehören. Tausende von Arten sind uns fossil bekannt von den ältesten Zeiten der Erdgeschichte her; aber keine hat sich bis heute fortgesetzt. Aus unbekannten Gründen starben sie am Ende des Erdmittelalters aus. Sie besaßen ein kartondünnes, in einer Ebene spiralig eingerolltes und in viele Kammern geteiltes Kalkgehäuse, welches vorne in einer größeren Wohnkammer endete (Abb. 23, S. 31) und dadurch zustande kam, daß das in der jeweils vordersten, nach außen offenen Kammer sitzende Weichtier periodisch anbaute, entsprechend vorwärts rückte und an Größe zunahm, und den durch das Vorwärtsrücken hinten frei gewordenen Gehäuseraum durch eine neue Kammerscheidewand abschloß. Noch nie wurde das die Schale bewohnende Tier selbst fossilisiert oder als Abdruck gefunden. Um also einen Schluß auf seinen typenhaften Charakter zu ziehen, sind wir allein auf den Bau des von ihm geschaffenen Gehäuses angewiesen und müssen dieses vergleichen mit anderen Meerestiergehäusen von ähnlichem Charakter.

Der Nichtkenner wird vielleicht zunächst ein Schneckengehäuse zum Vergleich wählen; aber die Schneckenschale ist, abgesehen von sonstigen, in ihrem mikroskopischen Bau begründeten Unterschieden, gewöhnlich kegelförmig eingerollt. Es gibt zwar als seltene Ausnahmen auch solche Ammonshörner, wie es umgekehrt auch plangerollte Schneckengehäuse gibt; doch zeigen diese niemals solche regelmäßige Kammerung. Nur in der Gruppe der meist nackten Tintenpolypen (Kephalopoden) finden wir eine seltene, im Pazifik und Indischen Ozean noch lebende Gestalt, den Nautilus, dessen Schale analog gebaut ist (Abb. 38). Das Studium seines Gehäuses ergibt, daß es in seinen wesentlichen Teilen wie ein Ammonshorn aussieht, und daß auch von diesem Nautilus fossile Schalen in allen Zeitaltern vorkommen (Abb. 86, S. 155). Es zeigt sich weiter, daß die größte Formenfülle und Formenmannigfaltigkeit des Nautilustypus schon in das Erdaltertum fällt, wo wir nicht nur eingerollte, sondern auch ringförmige und einfach gebogene, ja ganz geradegestreckte Gehäuse nachweisen können, die jedoch immer denselben inneren Bau der Schale haben. Nach dem Gesetz der anatomischen Entsprechungen der Körperteile (Korrelation) ist der Schluß berechtigt, daß die fossilen Nautilusschalen demselben

Abb. 38. Gehäuse des lebenden N a u t i l u s. Indischer Ozean. Vollständig und im Durchschnitt, mit Luftkammern und der vorderen Wohnkammer. Verkl. (Original.)

Tier zugehörten, wie die des jetzt lebenden. Gehen wir nun zurück auf die frühesten Ammoniten, welche in der oberen Hälfte des Erdaltertums erschienen sind, so treten uns dort in der Form der Schalengattung Goniatites zunächst Formen entgegen, deren innere Kammerscheidewände eine solche Einfachheit zeigen (Abb. 39), wie sie der Nautilus heute noch besitzt. Verfolgen wir aber von da aus die Ammonshörner in der Zeitenfolge weiter nach oben, so bekommen sie eine immer mehr zunehmende Faltung der Scheidewände, wir bekommen das typische Ammonshorn (Abb. 39b).

Die Ammonshörner sind uns meistens als Steinkerne erhalten. Bei der Fossilisierung wurden die Gehäuse meist ganz mit Schlamm ausgefüllt, der erhärtete. Die inneren und äußeren Schalenteile wurden weggelöst, und so kommt es, daß das, was Hohlraum war, nun im Steinkern massiv erscheint, das aber, was Schale war, sich als Unstetigkeitsfläche zwischen den Kammerausfüllungen erweist (Abb. 39 a). Die ästchenartige Zeichnung auf dem Steinkern in Abb. 39 b entspricht also der gezackten Nahtlinie in Abb. 39 a, womit jede Kammerscheidewand an die Innenseite der nun gleichfalls verschwundenen Außenschalenwand angelötet war. Wir

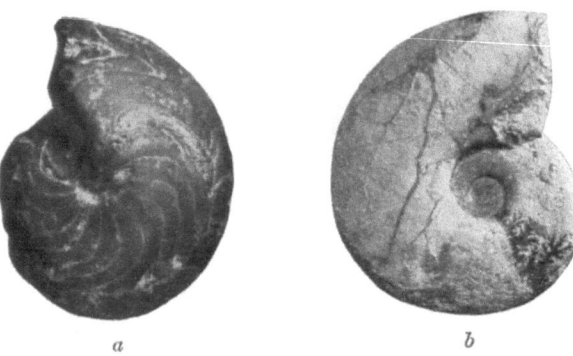

a   *b*

Abb. 39. Ammonitensteinkerne mit einfacher und mit sehr verästelter Anlage der Kammerscheidewände. *a* Goniatites. Devonformation. Westdeutschland. *b* Haploceras. Juraformation. Mähren. Bei letzterem ist nur eine einzige verzweigte Scheidewand sichtbar. Verkl. (Originale.)

kommen also zu dem Schluß, daß sämtliche Ammoniten mit Einschluß der uralten Goniatiten von analogem Bau wie der heutige Nautilus waren.

Ein solcher Fall zeigt, auf welchem Boden der Paläontologe arbeiten muß, um die systematische Stellung der von ihm entdeckten Reste, soweit es geht, sicherzustellen. Es gibt natürlich auch Formen, bei denen solche Ermittelungen nicht oder nur höchst zweifelhaft gelingen. Haben wir von Tierresten fossiler Art keine lebenden Analoga mehr (Abb. 40, S. 71 u. Abb. 81, S. 147), so wird es zuweilen unmöglich sein, ihre Eingliederung in das zoologische System vorzunehmen. Denn die Hartteile selbst sind niemals so geartet, daß sie allein uns etwas über das Wesen des Tieres aussagen, wenn es uns an lebendem Vergleichsmaterial gebricht. Der Weichkörper allein ist sozusagen das Charakteristikum jedes Tieres; die Hartteile sind sekundärer Entstehung.

Ein Beispiel hierfür sind die kleinen, im Erdaltertum häufig auftretenden Schälchen der Hyolithen (Abb. 41) und ähn-

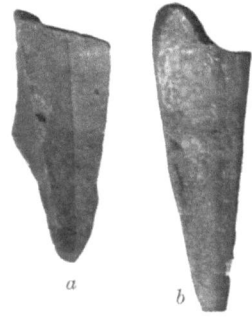

Abb. 40. Konzentrische Kalkbildungen aus der kambrischen Formation von Nordamerika. Entstehung fraglich. Wahrscheinlich Kalkalgen zugehörig. Verkl. (Aus Walcott 1914.)

Abb. 41. Konische Gehäusesteinkerne a Conularia, b Hyolithes aus paläozoischen Schichten von Böhmen. Unbekannte Zugehörigkeit. Ersterer vielleicht zu hydrozoenartigen Tieren gehörend, letzterer wohl eine schwimmende, gestreckte Meeresschnecke. Etwas verkl. (Original.)

licher Gattungen. Sie erinnern in ihrer Zartheit an die gestreckten Schälchen gewisser lebender, frei schwebender zarter Meeresschnekken, so daß man sie für Verwandte derselben ansieht. Aber in Einzelheiten ihrer Gehäuse sind sie doch davon verschieden. Manche von ihnen haben auch eine Kammerung, so daß man wieder an einen Vergleich mit geradegestreckten Nautilidenschalen denken könnte. Ähnliche Gestalten, Conularia genannt, zeigen sich aber in dem frühesten Jugendstadium festgewachsen, so daß man hierdurch wieder eher an Hydrozoen (Pflanzentiere)merkmale erinnert wird. Kurz: es läßt sich kein so unmittelbarer Vergleich durchführen, daß man sich über die Einreihung in das zoologische System endlich klar werden könnte.

Ähnlich geht es auch mit den Graptolithen (Abb. 42 a). Ihr Name rührt daher, daß man auf dunklen Schiefern des frühen Erdaltertums ihre Reste wie feine Striche und Zeichen findet (γραπτος, geschrieben). Es sind äußerst feine chitinöse Gewächse, deren sägeblattartigen Zweige eine Unzahl aneinandergereihter Zellen enthalten, und diese zellenbesetzten Ästchen waren zu Büscheln zusammengeordnet, die gemeinsam wie ein Strauch auf dem Meeresboden wuchsen oder auch einzeln an einer Schwimmblase befestigt waren und frei herumflottierten (Abb. 42 b). Sie erinnern am meisten an Hydrozoen, aber auch Andeutungen von Würmermerkmalen haben sie, und so macht es den Eindruck, als sei es eine eigene Klasse oder Ordnung früherer Tiere, deren Körperlichkeit nur rein biologisch, nicht aber dem inneren Typus nach hydrozoenartig erscheint.

Abb. 42. Graptolithenschiefer der Silurzeit. Reste von hydrozoenartigen schwimmenden Meerestieren. Daneben Rekonstruktion eines Einzelstockes *b* mit Schwimmblase (oben) und Zellenkolonie (unten). Fast nat. Gr. (*a* Original; *b* aus Ruedemann 1904.)

Die Bestimmung der *Wirbeltiere* bildete von jeher in gewissem Sinn ein eigenes Studium gegenüber dem der niederen (wirbellosen) Tiere. Denn, wie schon einmal betont, liegen uns von den letzteren in den meisten Fällen wohlerhaltene vollständige Schalen und fast immer in großer Anzahl vor, so daß man über den Bau nicht lange im unklaren bleibt. Anders bei den Wirbeltieren. Sie stellen an die Kombinationskraft und an die vergleichend anatomischen Kenntnisse des

Forschers größere Anforderungen. Denn bei ihnen haben wir es in weitaus den meisten Fällen nur mit Bruchteilen des ganzen Skelettes zu schaffen, ja oft nur mit Zähnen. Es gibt viele Arten, die überhaupt nur auf ein einziges Skeletteil, womöglich nur auf einen oder ein paar Zähne hin aufgestellt werden mußten, in Ermangelung vollständigerer Funde, bis dann im Verlauf der Jahre vielleicht von derselben Art noch andere und charakteristischere Teile gefunden wurden. Selbstverständlich kommt einer derartig gewonnenen „Spezies" ihrem Inhalt nach auch nicht der volle Wert einer erkannten Tierform zu, und der Paläontologe muß sich bewußt bleiben, daß es sich bei der Einreihung in das System dann oft nur um einen Verlegenheitsnamen handelt, bis sich nach und nach über die Anatomie der Form etwas Genaueres aussagen läßt.

Beim Studium und systematischen Erkennen der Wirbeltiere spielt also noch ausgiebiger und entscheidender als bei den Wirbellosen die vergleichende Anatomie ihre Rolle. Denn je weniger man das Ganze einer Tierform bzw. ihres Skelettes kennt, um so mehr ist man angewiesen auf die gesetzmäßigen Beziehungen, die zwischen den einzelnen Körperteilen bestehen, und muß dies auch in der systematischen Bestimmung anzuwenden suchen. Wollen wir, um das Verständnis dafür zu wecken, es einmal grob ausdrücken, so können wir sagen: Finden wir fossil etwa nur die Wirbelsäule eines Fisches und vielleicht dazu ein Teil des Brust- oder Beckengürtels, so werden wir in der Rekonstruktion diesem Skelett natürlich keine Extremitäten eines Landtieres beifügen. Und umgekehrt einem derartigen Rest eines Landtierskelettes keine Flossen. Dennoch gibt es Landtiere, die im Wasser lebten, ebenso wie etwa der Wal, dessen Fischgestalt nicht davon herrührt, daß er etwa ein großer Fisch wäre, sondern Ausdruck ist für eine biologische Formgegebenheit, die man die „Anpassung" des Landtieres an das Leben im Wasser nennt. Denn der Walfisch ist ein Säugetier; und durch Vergleich seiner anatomischen Einzelheiten wie auch seiner frühesten fossilen Vertreter mit anderen bestimmten lebenden und fossilen Landtieren ist er als solches zu erweisen. Es ist ihm also das Gewand des Fisches von der Natur sozusagen übergezogen, aber er darf nicht als „Fisch" schlechthin bestimmt werden. „Der entscheidende Beweis", sagt Abel, „für die Herkunft der Wale von Landraubtieren sowie die Feststellung des Zeitpunktes ihrer Entstehung konnte allerdings erst durch die Entdeckung fossiler Wale von sehr primitiver Organisation erbracht werden, die sich enge an Raubttiere der Alttertiärzeit anlehnen und diesen im Bau des Skelettes näherstehen als den jüngsten in der Gegenwart lebenden Vertretern..."

So ist also die unbedingte Grundlage für alle Bestimmung fossiler, aber ebenso auch lebender Formen eine gesicherte Vergleichung. Jeder lebendige Körper steht in allen seinen Teilen als innerlich geschlossenes, einheitliches Ganzes da. Jeder Teil, jede Einzelheit, jede Funktion ist organisch bezogen auf das Ganze und auf alles einzelne. Der organische Körper ist aber in seiner Gestaltung und Lebensweise für uns nur verständlich in bezug auf sein Dasein in einer Umwelt, die auf ihn mittelbar oder unmittelbar einwirkt, und auf die er eben durch seine Formbildung und Funktion eingestellt ist oder reagiert. Ein Lebewesen ohne Beziehung auf die Umwelt wäre an sich undenkbar. Daher muß es auch erkennbare Gesetzmäßigkeiten geben, nach denen aus einzelnen Körperteilen auf andere, ja auf die Gestaltung des Ganzen geschlossen werden kann. Eben der möglichst eingehende vergleichend-anatomische Befund lehrt uns solche Gesetzmäßigkeiten finden, mit deren Hilfe sodann aus Bruchstücken oder Einzelteilen mehr oder weniger genau auf das Gesamte abzusehen ist. Das war die große wissenschaftliche Tat Cuviers, solche Vergleiche durchgeführt und daraus zum erstenmal aus Skelettresten fossiler Formen Schlüsse gezogen zu haben auf die Gattungszugehörigkeit. So fand sich in den tertiärzeitlichen Gipsschichten des Montmartre ein verhülltes Skelett eines Beuteltieres mit dem charakteristischen Beutelknochen im Becken. Cuvier sagte, noch ehe das Fossil aus seiner Gesteinshülle befreit war, seinen zweifelnden Fachgenossen aus diesem Merkmal voraus, mit was für einer Tierform man es da zu tun habe. Die Freilegung des Skelettes bestätigte dann auch seine Voraussage. So wurde es nach der gründlichen Arbeit der Anatomen während des letzten Jahrhunderts vielfach möglich, aus oft unscheinbaren Resten, wie etwa einem Gebiß, ja einem Gebißrest und schließlich aus einem einzigen charakteristischen Zahn etwa die Raubtiernatur oder die Pflanzenfressernatur eines fossilen Wesens im voraus zu bestimmen und oft sogar die Familien- und Gattungszugehörigkeit festzustellen, auch ohne daß man das übrige Skelett schon gefunden hatte. Zu einer bestimmten Schädelform gehören auch bestimmte Gebißformen; zu bestimmten Extremitäten gehören bestimmte Beckenformen; aus dem Bau von Gelenken läßt sich die Art der Fortbewegung und der Körperstellung, ja aus Abdrücken von Fußspuren allein zuweilen mit der Fortbewegungsart auch die Gesamtgestalt selbst dartun.

Zuweilen sind Skeletteile auch außerordentlich uncharakteristisch und sagen nichts. So kann man, wie Stromer von Reichenbach durch eingehende Messungen und Vergleiche nachwies, aus den Wirbeln der Landraubtiere nicht einmal etwas über die Gattungszugehörigkeit aussagen, während umgekehrt ein einziger Backenzahn aus der Familie der Pferde Gattung und Art meistens bestimmen läßt. Wenn man von einem Ammonshorn auch nur das Bruchstück der Schale und die Nahtlinie findet, ist man schon imstande, das ganze Gehäuse zu rekonstruieren und damit die Art zu erkennen. In anderen Fällen wechselt auch die vergleichend-anatomische Bedeutung ein und desselben Einzelteiles; was für die eine Gruppe sehr bezeichnend ist, kann in der anderen wieder versagen. Die Paläontologie ist deshalb vor allem auf das Zusammenbringen eines möglichst reichen Fossilmaterials angewiesen, das allein ihren Schlüssen die sichere Grundlage geben kann. Den Zoologen und Botanikern stehen zu ihren Untersuchungen die Organismen in voller Erhaltung zur Verfügung. Welche Teile sie auch studieren wollen, stets ist es ihnen möglich, mikroskopisch und makroskopisch Skelett, Schalen, Weichteile bis ins Innerste hinein und von welcher Seite sie es wünschen, zu betrachten. Auch das Funktionieren der einzelnen Organe und Körperstücke sowie deren Zusammenwirken, ferner die individuelle Entwicklung vom frühesten Körperstadium bis ins Alter des Individuums hinein, die Geschlechtsunterschiede, die Variabilität — alles das kann ohne große Schwierigkeiten bei meistens auch ausgewähltem Material beobachtet und beschrieben werden. Dadurch, daß man auch die Umwelt und die speziellen Lebensbedingungen jeder lebenden Art kennt oder beobachten kann, daß man Züchtungsexperimente anstellen kann, daß man sich über die geographische Verteilung und die Art des Zusammenvorkommens mit anderen Lebewesen ein Urteil unmittelbar bilden kann, schließt sich diese Menge von Einzeldaten zu einem viel einheitlicheren Eindruck des Wesens einer Tierform zusammen als beim fossilen Material, wo alles dieses nur in Bruchstücken und oft gar nicht im Zusammenhang festgestellt werden kann. Damit steht natürlich die Erforschung der lebenden Welt auf einem ungleich festeren, günstigeren Boden als die der vorweltlichen Wesen, wenngleich gerade die Paläontologie einen unvergleichlichen Vorzug darin hat, daß sie ihre Lebewelt nicht nur in einer einzigen Zeitfläche, sondern durch ganze Zeitalter hindurch in allen möglichen Abwandlungen ungezählter Arten, Gattungen und Typen vor sich sieht. Man kann den Unterschied zwischen Zoologie-Botanik einerseits, Paläontologie andererseits wohl vergleichen mit der Beschreibung des menschlichen Kulturlebens, wie es uns aus der Gegenwart möglich ist, und wie es dagegen die Geschichtsforschung betreiben muß, die nicht mehr auf das unmittelbare Schauen und Miterleben, sondern auf Dokumente, Inschriften, verfallene Bauten und Städte oder gar unbestimmte Sagen angewiesen ist.

Nur mühsam und unter besonders günstigen Bedingungen ist es dem Paläontologen so vergönnt, die Tierformen und die ganzen Tier- und Pflanzenwelten der Epochen der Vorzeit wiedererstehen zu lassen und sie systematisch zu charakterisieren. Ergibt sich schon dadurch, daß die Ergebnisse schwer zu erringen sind, und daß der Vorstellungskraft große Anstrengungen zugemutet werden, daß auch ein sehr ausgeprägter Formensinn des Forschers vorhanden sein muß, so ist es andererseits auch klar, daß den Ergebnissen eine oft entmutigende Unsicherheit anhaftet, und daß es oftmals Zeit und Arbeit nicht lohnt, die man an die Bearbeitung eines fossilen Materials gewendet hat. Dabei ist es besonders entmutigend, wenn man sieht, wie vom Zufall des Fundes guter oder vollständiger Stücke die Aufklärung einer wichtigen Frage abhängt, deren Lösung man mit dem bisherigen Material vergeblich angestrebt hat. So kommt es oft genug vor, daß der Beschreiber durch einen ganz außerwissenschaftlichen Glückszufall das Ergebnis erntet durch eine Arbeit, bei der seinem Zeichner das Hauptverdienst zufällt.

Was nun die systematische Bestimmung und die eingangs erwähnte richtige Namengebung fossiler Tier- und Pflanzenformen oder -reste anbelangt, also ihre Charakterisierung durch den sie treffenden Gattungs- und Artnamen entsprechend den Namen des lebenden Tier- und Pflanzenreiches, so wird der nicht mit der Fachliteratur genau Vertraute kaum imstande sein, sie durchzuführen. Es gehört dazu nicht nur eine sehr umfassende Literaturkenntnis, sondern auch ein abgeklärtes Urteil über Fragen der Variabilität, der Zeitunterschiede, der Schichtfolgen, also schwierigen Problemen der Biologie und Geologie, zumal auch hier, wie in aller Wissenschaft, die Meinungen in den Fachkreisen stets geteilt und schwankend sind. Es gibt freilich eine Anzahl kleinerer, mehr populär gehaltener Werke oder Exkursionsführer für bestimmte Gegenden, in denen die gangbarsten Fossilien, die man dort findet, abgebildet, beschrieben und benannt sind, und nach denen man für Privatzwecke vielleicht innerhalb gewisser Grenzen Fossilien „bestimmen" kann. Aber abgesehen davon, daß hierbei nur bestimmte, die Formenfülle nie deckende Spezialtypen ausgewählt werden, kann eine aus dem inneren Sinn der Sache durchgeführte Bestimmung so nicht erzielt werden. Auch dieses Handwerk ist eben eine Kunst, die gelernt, geübt und nach höheren Gesichtspunkten betrieben werden will, um nicht leere ästhetische Lust zu sein. Bleibt sie dies, auch bei manchen Fachleuten, so nennt man sie Briefmarkenpaläontologie.

Wollen wir also fossile Tiere bestimmen, so dürfen wir nicht einfach bloß die Form mechanisch mit anderen vergleichen, sondern müssen auch unterscheiden lernen, was ursprüngliche, typenhafte Bestimmtheit, prinzipielle Grundanlage ist, und was gewissermaßen „Anpassung" an spezielle Lebensbedingungen, also gewissermaßen das ihnen durch die äußeren Umstände übergeworfene Gewand ist. Damit aber treten wir schon in den Kreis des biologischen und entwicklungsgeschichtlichen Grundproblems selbst ein, und es ist, wie man sieht, das „Bestimmen" eine Frage, die nicht so obenhin zu lösen ist und durchaus in das Wesen der organischen Gestaltung einzudringen erfordert. Erst wenn man sich, sagt Abel, die Frage vorlegt, „in welcher Beziehung die Form eines Organs zu seiner Funktion steht, ist es möglich, formverwandte und bauverwandte Formen scharf voneinander zu unterscheiden ... Noch immer steckt in unserem ‚System' des Tierreiches eine Menge solcher Irrtümer verborgen, die auf eine ungenügende Anwendung der Untersuchungsmethode bezüglich der Unterscheidung von Ähnlichkeiten des Baues und Ähnlichkeiten der Form zurückzuführen sind".

2. Das Fossil als Zeitmarke.

Die Versteinerungen oder Fossilien sind nicht nur wichtig als Zeugen des ehemaligen Lebens und damit als Material zur Erkennung der Entwicklungsgeschichte des Lebens auf unserem Planeten, sondern sie bieten uns auch das Mittel, *zeitliche Ordnung* in das Gewirr der vielfach gestörten, verstürzten, verfalteten und oft nur noch in Resten vorhandenen Schichtungen früherer Epochen zu bringen. Man hat die Schichtungen und Gesteine, soweit es irgendmöglich war, im Lauf des letzten Jahrhunderts über die ganze Erde hin miteinander verglichen; man hat viele Tausende von Versteinerungen beschrieben und ihre genaue Reihenfolge in den Schichten und Formationen festgestellt. Dabei ergaben sich überall gewisse regelmäßige Aufeinanderfolgen von Tier- und Pflanzengestalten, die ähnlich oder ganz gleichartig auch in weit voneinander entfernten Gegenden wiederkehren und damit gewisse Gleichzeitigkeiten der Schichtbildungen, in denen das gleiche gefunden wird, dartun.

Wenn man sich aber ein Idealprofil durch eine normal lagernde Schichtenfolge in der Natur vorstellt (Abb. 43), so sieht man leicht ein, daß die unterste auch die älteste, also die am frühesten abgelagerte sein muß, und daß sich in regelmäßiger Folge die jüngeren Schichten Schritt um Schritt darüber breiten. Finden wir in der unteren Schicht ein bestimmtes Fossil und darüber in den einzelnen Schichten andere, so wissen wir mit Bestimmtheit, daß das Fossil der un-

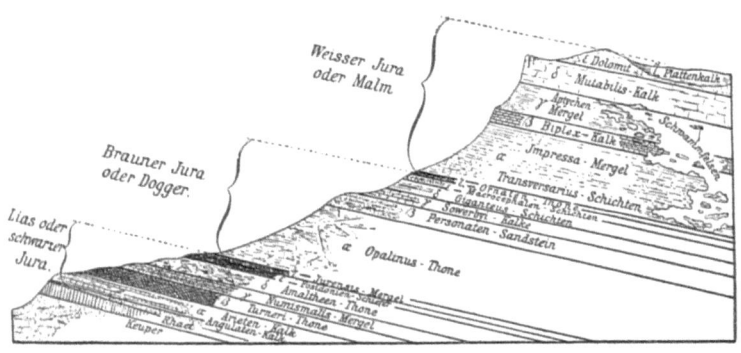

Abb. 43. Querschnitt (Profil) durch die Schichtenfolge der Juraformation in Schwaben. (Aus Engel 1911.)

teren Schicht auch früher gelebt haben muß als die Formen in den jeweils späteren Schichten. Trifft man in irgendeiner anderen Gegend dasselbe Profil und darin dieselbe Reihenfolge der Versteinerungen, so kann man die Schichten mit gleichen Fossilarten „parallelisieren", d. h. sie für gleichzeitig niedergesetzt ansehen. Auf solche Weise wurde es möglich, durch Vergleich der Versteinerungen aller Länder sowie durch Vergleich aller Schichtserien ein ideales System von Gleichzeitigkeiten der Schichtbildungen aufzustellen und bestimmte Versteinerungen zu bezeichnen, mittels deren sich die einzelnen „Schichtstufen" zugleich als „Zeitstufen" kennzeichnen lassen. Was nun von Schicht- oder Zeitstufen in der einen Gegend nicht oder nicht vollständig entwickelt ist, kann durch die Folgen in anderen Gegenden ergänzt werden, und umgekehrt. So ist es möglich geworden, zugleich ein ideales Gesamtprofil der Schichtfolgen für die ganze Erde zu entwerfen, die Formations- oder erdgeschichtliche *Zeittabelle*.

Man könnte mittels der Fossilarten freilich nicht eindeutig die Reihenfolge der Schichtungen oder Formationen charakterisieren, wenn es vorkäme, daß ein und dieselbe Tier- oder Pflanzenart zweimal oder mehrmals, getrennt durch größere Zeitzwischenräume, erschienen wäre. Gewiß gehen manche Gattungen und Arten durch mehrere Zeitstufen hindurch; aber in diesem Fall reißt ihr Zusammenhang nicht ab. Ist jedoch eine Gattung oder Art einmal wirklich ausgestorben — sei es, daß sie erloschen ist, sei es, daß sie sich entwicklungsmäßig zu einer neuen Form umgebildet hat — so kann sie in derselben Weise nicht wieder erscheinen. Es hat sich gezeigt, daß der alte Erfahrungssatz des Lebens: „Was war, kommt nicht wieder", auch für die Reihenfolge der vorweltlichen Lebewesen gilt und damit zugleich die Grundlage für eine Zeitbestimmung der Schichtablagerungen wird. Dadurch kann jede zur Charakterisierung bestimmter Schichtalter und Schichtungen ausersehene fossile Tier- und Pflanzenform, ganz abgesehen von ihrer Bedeutung als Lebewesen, zugleich eine Zeitmarke, ein „*Leitfossil*" werden. Findet man also irgendwo in einem Steinbruch oder beim natürlichen Anstehen einer Schichtung eine bestimmte fossile Tier- oder Pflanzenart, so weiß der Fossilkundige auch, an welcher ganz bestimmten Stelle der idealen Formations- oder Zeittabelle dieses Vorkommen einzureihen ist. In solcher Weise läßt sich an jeder beliebigen Stelle der Erde für alle Schichtungen die erdgeschichtliche Altersbestimmung durchführen, und solcherweise kommt Ordnung in das Gewirr der vielfach gestörten, verworfenen, übereinandergetürmten und verknitterten Ablagerungen. Es kommt aber auch sinnvolle Ordnung in die fast unübersehbare Fülle der Versteinerungen selbst, als Zeugen des vorweltlichen Lebens. Dies ist die exakte Grundlage jeder planmäßigen erd- und lebendgeschichtlichen Forschung.

Weiterhin hat sich durch den Vergleich aller Schichtfolgen der Erde und der darin enthaltenen Versteinerungen ergeben, daß die Tier- und Pflanzenarten jeder Serie, also jeder Zeitstufe, denen am ähnlichsten sind, welche in normaler Folge darüber oder darunter liegen. Dies ist aber nicht so zu verstehen, daß nun jede Zeitstufe, also jede engere Schichtfolge, immer wieder durchaus andere Gattungen oder Arten enthielte als die vorige oder die nachfolgende; sondern viele Gattungen und Arten gehen durch mehrere Stufen ohne besondere Abänderung hindurch, während allerdings ein großer Prozentsatz immer wieder neu ist, kurze Zeit auflebt und dann wieder vollständig verschwindet. Man wird daher zweckmäßigerweise jene Fossilien als Leitformen für eine bestimmte eng begrenzte Zeitstufe auswählen, die nur kurze Zeit gelebt haben und daher für einen eng begrenzten Zeitraum, also eine kurzfristige Schichtenfolge charakteristisch sind. Formen, die langlebig waren, sind dagegen bezeichnend für einen längeren erdgeschichtlichen Zeitraum.

Es ist oft so, daß ein gewisser Typus durch eine lange Zeitfolge hindurch sich hielt, daß aber seine einzelnen Arten sehr rasch wechselten. So kann es sein, daß der Typus als solcher eine lange Epoche, wie etwa das Erdaltertum, charakterisiert, während man seine speziellen Arten zur Festlegung engerer Stufen benützt. Es war nun das Bestreben der Paläontologie, alle gefundenen Fossilformen daraufhin auszuwerten, und so ist es gelungen, besonders häufige Gestalten in mehrfacher Abwandlung zunächst in ihrer Gesamtheit als Leitfossilien für große Zeiträume aufzustellen; die einzelnen Gattungen für die Hauptunterabteilungen solcher Epochen, und endlich die rasch wechselnden Arten für kürzeste Zeiträume. Dies gelang besonders gut für die altertümlichen Trilobitenkrebse (Abb. 24, S. 33 u. Abb. 69, S. 135). Der Typus der Trilobiten geht vom Beginn des Erdaltertums bis zu dessen Schlußphase hindurch. Wo man also einen Trilobiten antrifft, weiß man damit, daß man sich einer Schichtung des Erdaltertums gegenüber befindet. Bestimmte Gattungen, wie die abgebildeten, bedeuten sodann die Zeitmarken für bestimmte Epochen innerhalb des Erdaltertums; so bezeichnet etwa die Art Abb. 24, S. 32 nur den mittleren Teil der kambrischen Epoche, während die zweitgenannte, Abb. 69, S. 135 nur die früheste Phase derselben Epoche bezeichnet. Ebenso ist es auch mit den Ammoniten möglich gewesen, sowohl die obere Hälfte des Erdaltertums wie das ganze Erdmittelalter einzuteilen. Im Erdmittelalter besonders wechseln die Ammonitenarten derartig rasch, daß hier sogar innerhalb sehr kurzer Epochen, wie besonders der Jurazeit, nicht weniger als 18 wohlumgrenzte Zeitphasen (Zonen) kürzester Dauer mit solchen Ammonitenarten als ihren Leitfossilien festgelegt werden konnten. Und dies hat sich über die ganze Erde hin entsprechend nachweisen lassen.

Betrachtet man nun unabhängig von der systematischen Form- und Artenbestimmung, also unabhängig von dem formalen Einteilungswesen, das Aussehen der fossilen Gestalten in einer bestimmten Zeit so zeigt sich, daß viele zu einem Generaltypus gehörige Formen auch eine gewisse gemeinsame Bauart haben. Im Kapitel II, 1 (S. 70) wurde schon gezeigt, daß im Erdaltertum zuerst die Ammonshörner nur einfach geknickte Scheidewände besitzen; am Ende des Erdaltertums und am Beginn des Erdmittelalters dagegen haben sie an den nach rückwärts springenden Wellen ihrer Scheidewandnähte einige Zackungen aufzuweisen; alsbald mit Ende der Triaszeit hat sich die Nahtlinie zerschlitzt, und vom Jura an bis großenteils ans Ende des Erdmittelalters differenziert sie sich noch stärker (Abb. 39, S. 70). Ähnliches ist auch in anderen Gruppen, wie den Meeresschnecken, den Korallen, den Wirbeltieren nachzuweisen. Wer nun über eine genügende Formenkenntnis verfügt, kann aus solchen, mit den Zeitepochen wechselnden allgemeinen Formmerkmalen allein schon, und zwar auch aus Bruchstücken von Fossilien, einen Schluß auf das erdgeschichtliche Alter, also auf die Stufeneinreihung der betreffenden Fossilschicht ziehen.

Es gibt fossile Arten, welche so sehr über die ganze Erde in einer bestimmten Zeit verbreitet waren, daß man sie als Leitfossil überall findet. Besonders die niederen Tiere, also die wegen ihrer leichten Erhaltungsfähigkeit stets überlieferten Muscheln, Schnecken, Kephalopoden (Tintenfische), Brachiopoden, Krebse, Korallen, stellen ein großes Kontingent zu dem Heer der weitverbreiteten Leitfossilien. Es sind meistens Meerestiere, und das ganze Zeitschema ist auch auf marine Schichtungen gegründet. Wie schon an anderer Stelle ausgeführt wurde, sind Landablagerungen aus bestimmten Gründen meistens sehr fossilarm.

Nun gibt es aber auch in der Formationsfolge der Erdrinde sehr viele und zum Teil sehr mächtig entwickelte ehemalige Landablagerungen, die man allesamt in das Zeitschema einordnen muß. Und auch sie haben ihre Leitfossilien. Die Einordnung geschah zunächst so, daß man das Alter der Meeresschichten feststellte, welche zunächst darunter lagen; die betreffende Landablagerung mußte also jünger sein. Sodann forschte man, welche marine Zeitstufe irgendwo über ihnen liegt; die betreffende Landablagerung mußte also älter sein. Indem man sie so innerhalb des Zeitschemas einzugrenzen verstand, war man über ihre Altersstellung klar geworden. Enthielt nun eine derart in ihrem geologischen Alter gesicherte Landschichtung bestimmte Fossilien und fand man irgendwo sonst auf der Erde in anderen Ablagerungen gleichfalls diese Fossilarten wieder, so war damit bewiesen, daß man dieselbe Landablagerung vor sich habe, und konnte damit auch ihr Alter nun festsetzen. Wie diese Vorkommen gleicher Fossilarten, sei es in Land-, sei es in Meeresablagerungen, zu geographischen Schlüssen über die einstige Verbreitung der Meere und Verteilung der Länder verwertet werden können, wird das Kapitel II, 4 zeigen.

Aber wie heutzutage, so waren auch in der Vorwelt die Lebensbedingungen in den einzelnen Meeren, wie auch in den verschiedenen Tiefenzonen desselben Meeres oder an seinen Buchten und weiter draußen in der Hochsee recht verschieden. Es ist darum nicht zu erwarten, daß dieselben Tiere überall lebten, sondern daß je nach den Verhältnissen auch in gleichzeitig abgelagerten Schichtungen höchst verschiedenartige Fossilien auftreten. Wie erkennt man nun, daß Schichtungen mit verschiedenartigen Fossilformen gegebenenfalls doch gleichalterig sind?

Da gilt es zunächst, sich beim Untersuchen der Schichten

nicht auf einzelne Fossilien, womöglich nur auf das Leitfossil einer bestimmten Altersstufe zu beschränken, sondern die ganze Fülle aller fossilen Reste eines bestimmten Alters vorzunehmen. Es wird sich dann gewöhnlich zeigen, daß die eine und andere Form in verschiedener Gesellschaft auftritt. Dadurch erhält man den unmittelbaren Beweis, daß gewisse verschieden aussehende und mit ganz verschiedenen Fossilgesellschaften bevölkerte Schichtungen dennoch gleichen Alters sein müssen; sonst könnte nicht dasselbe Einzelfossil da und dort mit erscheinen.

So ist beispielsweise in Süddeutschland ein geringmächtiges Schichtsystem entwickelt, das am Ende der Triasformation und unmittelbar unter der Juraformation liegt, das sogenannte Rhät. Meistens sind es Sandsteine, die hin und wieder Meeresmuscheln des Flachwassers führen. An anderen Stellen geht dieses Rhät in pflanzenführende Tonschiefer über, mit fremdartigen, erdmittelalterlichen Pflanzenformen. In den Kalkalpen dagegen liegen am oberen Rande der Triasformation und unmittelbar unter der Juraserie teils schwarze Kalke und Kalkmergel, teils mächtige Marmorkalke, die ganze Bergmassive aufbauen. In den Mergelkalken sind häufig ungeheure Muschelanhäufungen, in den Kalken dagegen Korallen, welche die Herkunft dieser Schichten aus Riffbauten des alpinen Triasmeeres erweisen. Da auch die Lagerungsverhältnisse in den Alpen als einem gefalteten und stark gestörten Teile der Erdkruste, sehr unübersichtlich sind, wußte man lange Zeit nicht, an welche Stelle des Zeit- und Formationsschemas man jene alpine Gesteinsserie einreihen sollte. Dann aber fand man eine für das außeralpine süddeutsche Rhät äußerst bezeichnende Leitmuschel (Avicula contorta, (Abb. 44) darin, und nun war das Alter mit unbedingter Sicherheit festgelegt. Es ergab sich daraus weiter, daß das süddeutsche Rhät mit seinen feinen Sand- und Tonschlammschichten die Uferzone eines Flachmeeres am Ende der Triaszeit war, während die gleichalte alpine Rhätserie das freie, tiefere offene Meeresgebiet jener kurzfristigen Epoche bezeichnete, in dem sich Korallenbauten ansiedeln und reinere Kalke ablagern konnten. So liefert das Fossil im weitesten und anschaulichsten Sinn die Charakterisierung der Zeit, aber auch der verschiedenen gleichzeitigen Entwicklungsarten bestimmter vorweltlicher geographischer Räume.

Außer diesem Verfahren mittels Fossilien muß man bei allen Schichten stets untersuchen, wie sie seitwärts in andersartige übergehen. Stellen wir uns ein Meeresbecken der jetzigen Zeit vor, an dessen Strand etwa Sand abgelagert wird. In diesem Sand liegen, weil er der Brandung entspricht, meistens derbschalige Konchyliengehäuse. In einiger Entfernung ist eine brandungsfreie Bucht. Dort lagert sich ein zäher toniger Schlick ab. In der Bucht leben nicht die

Abb. 44. Zwei Platten mit derselben fossilen Muschelart (Avicula contorta), einem charakteristischen Leitfossil für den Endabschnitt der Keuperzeit (Trias): *a* Sandstein aus Württemberg; *b* Kalkstein aus den Bayr. Alpen. Beides verkl. (Original.)

derbschaligen Brandungsmuscheln, sondern dünnschalige kleinere Formen, auch Krebse usw. Weiter draußen, mehr von der Küste entfernt, wo die Hochsee beginnt, setzt sich auf dem Boden ein Kalkschlamm ab. Im Wasser der Hochsee leben wieder andere Tiere, die beim Absterben in dem Kalkschlamm fossil werden mögen. Es ist klar, daß alle drei Zonen nun sowohl in ihrer Sedimentation wie hinsichtlich ihres Tierlebens stellenweise ineinander übergehen müssen.

Denkt man sich dann das ganze Gebiet erdgeschichtlich gehoben, die Sedimentmassen erhärtet, so hat man über ein gewisses Gebiet hin verschiedenartige Schichtungen, nämlich Sandstein, Tonmergel und Kalkstein, in denen verschiedene Fossilarten stecken. Verfolgt man jede dieser Schichtformationen nach allen Seiten, so wird man die Übergänge entdecken und nun erkennen, daß die so verschiedenartigen Gesteinsbildungen mit ihrem so verschiedenartigen Fossilinhalt dennoch gleichalterig sind, gleichzeitig abgelagert worden sind. Die eine und andere Krebs- oder Muschelart wird auch in allen drei Schichtarten vorkommen und so einen weiteren unmittelbaren Beweis für die Gleichalterigkeit auch der übrigen fossilen Tierformen liefern.

Die allermeisten, aus den früheren Epochen vorhandenen Ablagerungen, wenigstens die fossilreichsten, sind nun solche der Flachmeere, wo von jeher die reichlichen Einschwemmungen von Sand und Schlamm und Ausscheidungen von Kalk einen mannigfachen Materialwechsel und ausgiebige Schichtbildungen bedingten, und wo wegen der Mannigfaltigkeit der Lebensbedingungen ein reiches Tierleben herrschte. Man geht deshalb bei der Schichteneinteilung von dieser Ausbildung (Fazies) aus und bezeichnet sie als *stratigraphische Normalfazies*. Aus ihr entnimmt man in erster Linie die Leitfossilien, bei deren Auswahl man, wie gesagt, jene Formen möglichst bevorzugt, die in ihrer vertikalen Ausdehnung, d. h. in ihrer geologischen Lebensdauer sehr beschränkt, aber zugleich in horizontaler Richtung sehr verbreitet sind. Durch ihre genaue Charakterisierung und ihre Wiederauffindung an weit voneinander entfernten Punkten der Erdoberfläche wird es also möglich, gleichalterige Schichtbildungen miteinander zeitlich zu parallelisieren und damit über die ganze Erde hin die geologische Zeitskala in ihren kleinen und großen Abteilungen wiederzuerkennen bzw. anzuwenden.

Hat man nun einmal die Zeitfolge der Floren und Faunen mitsamt ihren Arten genau festgelegt — und darauf beruht die große Zeittabelle — dann läßt sich, wie schon gesagt, grundsätzlich jede irgendwo anstehende fossilführende Schicht mit unbedingter Sicherheit der geologischen Zeitreihe einordnen. Findet man aber in solchen Schichten dann neue, bisher unbekannte Fossilien, so sind damit auch diese zeitlich festgesetzt und bilden von da ab ein Material, das seinerseits wieder bei neu entdeckten Vorkommen als Leitfossil verwendet werden kann. So entsteht schließlich eine immer vollendetere Kenntnis des vorweltlichen Lebens und seiner Entwicklungsfolge.

Da aber die Natur nie und nirgends ein Schema ist und ihrer Mannigfaltigkeit und Originalität gegenüber unsere Kenntnisse und Begriffe stets unzureichend bleiben, so würde es eine grundsätzlich falsche Auffassung auch von dem Zeitschema und den Leitfossilien sein, wenn man darin nun mehr als ein Schema sehen wollte. Denn auch die zeitliche Gleichsetzung von Schichtbildungen mit gleichen Fossilien an weltweit voneinander entfernten Stellen der Erde braucht ja nicht unbedingt zu besagen, daß diese Schichtungen bzw. Tierwelten absolut zur selben Zeit sich bildeten. Die geologischen Zeiträume sind nach unserem bisher gewonnenen Wissen so ausgedehnt, daß das, was wir an verschiedenen Stellen „gleich alt" nennen, auf Jahrtausende hin verschieden alt sein kann. Man spricht deshalb bei dem zeitlichen Parallelisieren mittels Fossilien von einer *relativen Gleichalterigkeit*. Dies will besagen, daß in der Reihenfolge der Zeittabelle zwar Schichten in dieselbe Rubrik gehören können (*homotax* sind), aber nicht im absoluten Zeitmoment sich zu decken brauchen (nicht *synchron* sind).

Denken wir an die Tatsache der Wanderungen von Tierformen, die oft Jahrhunderte oder gar Jahrtausende gebraucht haben werden, um von ihrem Entstehungszentrum in neue Gebiete auszustrahlen, so sind sie dementsprechend auch in ihrem Ursprungsgebiet schon viel früher fossil geworden als in den sekundären Besiedelungsgebieten. Andererseits mag die Entwicklung zu neuen Arten in verschiedenen Gebieten bei derselben Gattung oft auch gleichsinnig und unabhängig erfolgt sein, wobei allerdings die Möglichkeit nicht ausgeschlossen ist, daß diese Stammesentwicklung in manchen Gegenden bei Vertretern ein und derselben Gattung rascher vor sich ging als anderswo, daß also Formen da und dort der Allgemeinentwicklung um einige Zeit vorausgeeilt sein mögen, wie etwa Feldfrüchte in einem günstigeren Klima früher reifen als in rauheren Gegenden. Und umgekehrt sind gewiß auch stets Areale dagewesen, wo aus entsprechenden Gründen die Gesamtentwicklung der Pflanzen- oder Tierwelt etwas hinter der Allgemeinentwicklung zurückblieb. Wenn wir also heute auch mit der vielfach bis ins einzelste getriebenen Zeitphasenunterscheidung in der Zeittabelle auskommen, so muß man sich dennoch bewußt bleiben, daß hier ein Problem steckt, das noch nicht unbedingt gelöst ist. Es ist immerhin denkbar, daß die Zukunft noch eine andersartige Auffassung in der Bewertung der Zeitfolgen bringen kann.

Die geologischen Formationen stellen nichts anderes dar als mehr oder minder deutlich gegliederte Abschnitte in der Entwicklungsgeschichte der Erdoberfläche. Aber diese Abschnitte sind ebensowenig scharf voneinander geschieden, wie die einzelnen Phasen der Tier- und Pflanzenentwicklung. Die Natur ist ein einheitliches Ganzes und kennt keine absoluten Unterbrechungen. Wo solche erscheinen, entspringt dies nur unserer mangelnden Fähigkeit, die Zusammenhänge zu sehen und die Einheitlichkeit aufzudecken. Deshalb haben wir auch stets Übergangsformationen zu erwarten, in denen eine ausgesprochene Mischfauna und -flora auftreten wird. Da außerdem nicht alle Lebenstypen ganz gleichmäßig in der Entwicklung weiterschreiten, sondern die einen voraneilen, die anderen nur langsam nachfolgen oder zeitweilig stehenbleiben, so haben wir auch innerhalb jeder einzelnen Formation stets mit dem Vorkommen alter Überbleibsel oder *Reliktenformen* zu rechnen. Jedoch hat sich gezeigt, daß die vorwärtsschreitenden, also neuen Arten in jeder geologischen Hauptzeitstufe (Formation) überwiegen und so auch jeder Zeitstufe stets ihren eigenen faunistischen Charakter irgendwie aufprägen.

Im großen und ganzen hat sich das in Europa gewonnene erdgeschichtliche Zeitschema bewährt und sich mit den Vorkommen auch in fremden Ländern völlig in Einklang bringen lassen. Es liegt deshalb auch kein triftiger Grund vor, es abzuändern, auch dann nicht, wenn wir Übergangsstufen zwischen einzelnen Abschnitten finden, die sich weder dem einen noch dem anderen völlig eingliedern lassen. Wir bleiben uns bewußt, daß es sich bei unserer geologischen Formationstafel und ihrer Charakterisierung durch einzelne Leitfossilien oder ganze Faunen und Floren um ein bis zu einem gewissen Grade künstliches System handelt, dessen wir notwendig bedürfen, um eine Orientierung in der überwältigenden Mannigfaltigkeit des Schichtwechsels und seines Fossilinhaltes zu gewinnen.

So ist es nach den hier flüchtig dargestellten Gesichtspunkten und Überlegungen möglich gewesen, mit Hilfe der aufeinanderfolgenden Fossilien bzw. Leitfossilien in das große Buch der Erd- und Lebensgeschichte einigermaßen Ordnung zu bringen. Das Buch ist die Erdrinde selbst; aber die Blätter des Buches sind vielfach zerrissen, zerknittert, verfaltet übereinandergeschoben, vertauscht. Und so sind uns die Fossilien gleichsam die Seitenzahlen, nach denen wir die Blätter entwirren und wieder richtig einordnen können. Wie wir nun die menschliche Geschichte, soweit wir sie überhaupt kennen, gewohnheitsmäßig, wenn auch nicht sinnvoll, einteilen in eine Neuzeit, ein Mittelalter, ein Altertum und eine mehr oder weniger unbekannte Urzeit, so faßt man auch die erdgeschichtlichen Epochen zusammen unter vier bis fünf große *Weltalter:* eine *Erdneuzeit* (Känozoikum), ein *Erdmittelalter* (Mesozoikum), ein *Erdaltertum* (Paläozoikum). Davor setzte man früher eine *Urzeit* (Archaikum), hat aber nun erkannt, daß sich zwischen diese und das Erdaltertum noch einmal ein großes Weltalter einfügt: das Ezoikum oder algonkische Zeitalter. Diese großen Weltalter teilt man wieder ein in mehrere Epochen oder Formationen, insofern die Zeitalter eben durch die übereinandergelagerten und zu Formationen zusammengefaßten Schichten repräsentiert sind.

Um eine häufig in diesem Zusammenhang gestellte Frage noch zu erledigen, sei bemerkt, daß wir uns über die absolute Zeitdauer der geologischen Perioden und damit auch über die absolute Lebenszeit der fossilen Arten und Gattungen noch keinen zureichenden Begriff machen können. Wenn man vorsichtig schätzt, so mögen seit dem Beginn des Erdaltertums vielleicht 120 bis 250 Millionen Jahre verflossen sein, wobei sich diese Summe auf die einzelnen Weltalter Erdaltertum, Erdmittelalter und Erdneuzeit im Verhältnis von 12—5—1 verteilen dürfte. Andere absolute Zahlen, die teilweise von vielen hunderten Millionen von Jahren und noch mehr sprechen, beruhen auf Voraussetzungen, deren Wert noch zweifelhafter ist als die Errechnung der obigen Summe, die man aus Vergleichen zwischen der Schnelligkeit und Mächtigkeit der Schichtbildungen auf der heutigen Erdoberfläche gewonnen hat, um so aus der Mächtigkeit der vorweltlichen auf die Dauer der Ablagerungsvorgänge zu schließen. Darüber aber sind sich alle Forscher wohl einig, daß die vor dem Erdaltertum liegende Urzeit eine Weltepoche umfaßt, deren Gesamtlänge die der genannten späteren Epochen um ein Mehrfaches übertrifft. Und aus jenen Urzeiten wissen wir so gut wie nichts vom Leben und können jene alten Epochen auch nicht genauer periodisch einteilen. In den Schichtungen der drei oberen Hauptweltalter aber liegen die Reste des ehemaligen Lebens versteinert. Wir erwecken sie wieder aus ihrem Grab, lösen ihr verschwiegenes Geheimnis und erkennen daraus nicht nur die Gestalten der früheren Zeiten selbst, sondern auch die Gesetze und den Ablauf der Lebensentwicklung.

3. Das Lebensbild der fossilen Form.

Selbstredend ist die Paläontologie mit der einfachen systematischen Formbestimmung und dem Registrieren des örtlichen Vorkommens und des Alters der Fossilien nicht zufrieden. Das alles bleibt einstweilen nur Material, dem nun Leben einzuhauchen ist. Das fossile Wesen muß als Lebewesen in seiner ehemaligen Umwelt begriffen werden. Es ist also, was wir schon im Kap. I, 3 bei der Rekonstruktion fordern mußten, die Erkenntnis der Lebensweise, der biologische Sinn des fossilen Organismus wiederzugewinnen. Dies erfordert daher eingehende Untersuchung des Gesamtaufbaues eines fossilen Organismus, ein Studium der Beziehung der Teile untereinander und zu bestimmten, außerhalb liegenden Lebensbedingungen; es erfordert zugleich auch das eingehende Studium der Schichten, aus denen ein Fossil stammt, weil dieses geologische Lager eben der unmittelbare Niederschlag der äußeren Lebensbedingungen der darin eingebetteten ehemaligen Tiere und Pflanzen ist.

Paläobiologie und Rekonstruktion der vorweltlichen Pflanzen- und Tierformen gehen also unbedingt Hand in Hand, und eines ist ohne das andere nicht denkbar. Wir knüpfen daher zunächst noch einmal an das an, was im Kap. I, 3 über die Aufstellung der Wirbeltierskelette in natürlicher Gestalt gesagt wurde, um daraus in das rein Biologische überzuleiten.

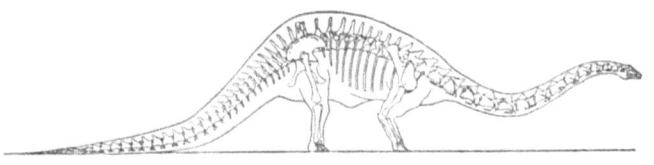

Abb. 45. Rekonstruktion des Skeletts mit dem Körperumriß der Riesenechse Diplodocus. Skelettlänge ca. 22 m. Ende der Jurazeit. (Nach Abel 1909.)

Ein klassisch gewordenes Beispiel ist die seinerzeit viel umstrittene Aufstellung des Riesensauriers Diplodocus aus der letzten Phase der Jurazeit (Abb. 45). In seinem ausgezeichneten Werk über die „Rekonstruktion vorzeitlicher Wirbeltiere", das jeder, der einigermaßen gründlich in die hier behandelten Fragen eindringen will, ebenso studieren sollte wie die anderen, am Ende genannten Werkes des führenden Wiener Forschers, hat Abel eine Erörterung über die Rekonstruktionsversuche jener weltberühmten Riesenform gegeben, die hier auszugsweise folgt.

Zunächst besteht das zur Rekonstruktion des Skelettes zur Verfügung stehende Material aus einer großen Zahl verschiedener Skeletteile von ganz verschiedenen Individuen und Fundstellen, wenn auch alle Teile des Skelettes als Ganzform vorhanden sind. Seit mehreren Jahrzehnten versuchen nun Forscher mit immer wieder neu gewonnenem Material die Gesamtform zu geben und stimmen überein in der Charakterisierung des Diplodocus als vierfüßiges Reptil mit starken Hinter- und kürzeren schwächeren Vorderfüßen, langem, nachschleifendem Schwanz, langem Hals und kleinem Kopf, wobei der massige Rumpf auf den hochgestreckten elefantenartigen Beinen ruhte. Was dagegen die Fußstellung selbst betrifft, so bestanden von Anfang an stärkere Zweifel. Der eine Forscher ließ nur die Vorderteile, also die Zehen den Boden berühren; später gab man dem Fuß eine sohlengängerische Stellung. Da nun die Hinterbeine besonders lang und stark sind, so gab ihm ein anderer Forscher eine mehr zweibeinig aufrechte Stellung, und man nahm an, daß das Tier etwa giraffenartig die Blätter von hohen Bäumen rupfte. Es lag nahe, das besser bekannt gewordene Skelett dieses Riesenreptils mit den lebend bekannten Echsen einmal genau zu vergleichen. Daraus gab ihm dann der amerikanische Paläontologe H a y die Stellung eines Alligators: die Beine wurden seitwärts ausladend abgebogen, nicht mehr säulenförmig gestreckt, und damit wurde der Rumpf nach Eidechsenart zum Boden herabgezogen. Für H a y waren dabei bestimmte anatomische Eigentümlichkeiten des Fußbaues entscheidend sowie die Stellung der Extremitätenknochen zueinander. Aber auch unter Voraussetzung einer solchen, den Rumpf dem Boden nähernden und auflegenden Haltung konnten wiederum verschiedene Auffassungen möglich sein, die mit der Frage, ob Fingerspitzengänger oder Sohlengänger, zusammenhingen. Nach A b e l s Auffassung ist der Bau des Fußes vorne und hinten so, daß es sich nur um ein auf den Zehen gehendes, nicht aber nach Art der Krokodile oder Leguane gehendes Reptil handeln kann. Die Frage, welche Haltung man dem Halse zu geben hat, ist nur zu entscheiden durch das Studium der Halswirbel und ihrer Gelenke; besonders auch die Haltung, die man dem sehr kleinen Kopf erteilt, hängt mit dem Bau des 1. Halswirbels (Atlas) zusammen.

Entscheidend ist natürlich auch die Lebensweise des Tieres. Es war, wie man aus dem Charakter der Fundschicht schließen muß, ein Wasserbewohner oder Sumpfbewohner. Die Eigentümlichkeiten des Skelettes selbst sprechen, nachdem man dies ermittelt hat, nun weiterhin dafür, daß die Gestalt nur selten und ausnahmsweise das Wasser verließ. Die Lage der Nasenlöcher, wie wir dies bei sonstigen wasserbewohnenden und dort nahrungsuchenden Wirbeltieren anderer Gruppen finden, spricht für die Entnahme der Nahrung unmittelbar aus dem Wasser. Doch ist damit noch nicht gesagt, daß die Art ständig nur im Wasser blieb. Nach Abel fanden die Individuen zwar in den flachen Seen und den Armen großer Flüsse, worauf die Schichten hinweisen, reichlich Nahrung und sind vielleicht nicht einmal ans Land gegangen, um sich zu sonnen; sie werden wahrscheinlich den größten Teil ihres Lebens im Wasser selbst verbracht haben, aus dem sie nur zum Atemholen ihren Schädel emporhoben. Hier waren sie wohl auch vor den Angriffen der zeitgenössischen großen Raubdinosaurier so gut wie sicher. Das Land aber suchten sie vielleicht zum Zwecke der Eiablage auf, wie die Meerschildkröten. Wenn wir dies berücksichtigen, sagt Abel, so werden wir zwar einen Diplodocus am Rande eines Gewässers darstellen dürfen, ohne damit zu sagen, daß er auch zu anderer Zeit als nur zur Eiablage heraufgestiegen wäre.

Hier kommt nun auch die biologische Bedeutung seines langen Halses zur Geltung, mit dem er in der Tiefe des Gewässers seine Nahrung suchte. Die Art der einfachen Rechenzähne beweist, daß er nur Pflanzen und kleinere Tiere verschluckte. Daß das Tier beim Heraustreten aus dem Wasser oder auf seichteren Stellen vielleicht auf den stärkeren Hinterbeinen ging, wobei es sich mit dem Schwanz stützte, ist sehr wahrscheinlich, und eine letzte mit ihm versuchte Montage zeigt das Frankfurter Senckenberg-Museum (Abb. 46), wo dem Skelett nunmehr die halb aufrechte Stellung gegeben ist, wie sie anderen ähnlichen Riesensauriern desselben Zeitalters allgemein zukam, die vornehmlich auf den stark entwickelten Hinterextremitäten gingen oder hüpften. Das Umgekehrte zeigt eine ähnliche große Sumpfform, Brachiosaurus, bei der, im Gegensatz zu jenen, nun die Vorderextremitäten besonders lang gewesen sind, was Abel dahin ausdeutet, daß es ihm möglich war, noch tiefere Wasserstellen aufzusuchen als Diplodocus, wobei es ihm mit zunehmender Tiefe sehr nützlich wurde, daß die Vorderextremitäten länger als die hinteren waren.

Abb. 46. Derzeitige Aufstellung der Riesenechse Diplodocus im Senckenberg-Museum Frankfurt a/M., nach Angabe von Prof. Drevermann. (Originalphotographie.)

Bis zu welch weitreichenden und überraschenden Ergebnissen die sinnvoll durchgeführte vergleichend anatomische Betrachtung auch scheinbar unzureichender fossiler Überbleibsel führen mag, hat ein Rekonstruktionsversuch bewiesen, den Soergel so, wie hier andeutungsweise wiedergegeben, aus Fußabdrücken einer unbekannten Wirbeltierart im mitteldeutschen Buntsandstein der Triasepoche durchführte. Die Fährten (Abb. 47) des Tieres weisen zunächst auf eine sohlengängerige bekrallte Extremität. Die Vorderfüße sind kleiner, die Hinterfüße größer und weisen in ihrer Form bestimmt auf ein Reptil, nicht auf ein Amphib oder gar ein Säugetier hin; zugleich ist nach der Bekrallung auf eine raubtierartig lebende Art zu schließen. Der Abdruck zeigt weiter, daß die Haut mit Körnerschuppen besetzt war. Die Extremitäten gleichen erstaunlich einer Menschenhand.

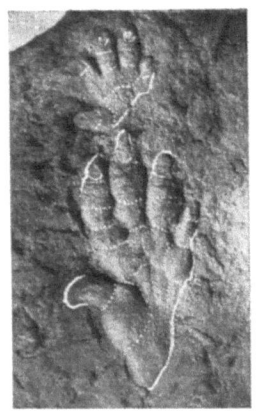

Abb. 47. Abdrücke von Vorder- und Hinterfuß des unbekannten Handtieres Chirotherium aus dem Triassandstein von Thüringen. Verkl. (Original in Stuttgart. Nach Soergel 1925.)

Was aber als opponierbarer Daumen erscheint, ist nicht die innere, sondern die äußere Zehe. Aus den Abdrücken kann man das Knochengerüst und die aneinander gelenkenden Teile rekonstruieren (Abb. 48) und daraus zugleich die Art des Auftretens auf den damals weichen Strandboden ableiten: der Fuß ist schief, mit nach außen geneigter Sohlenfläche aufgesetzt worden, was etwas an den Bärentritt erinnert. Dies und die anderen Merkmale des Fußes lehren, daß die Hinterbeine nach auswärts geknickt waren, d. h. daß das Knie nach vorne außen stand.

Aus den Entfernungen der einzelnen Fährtenpaare des Vorder- und Hinterfußes rechts und links läßt sich nun zunächst die Rumpflänge unmittelbar ablesen. Der

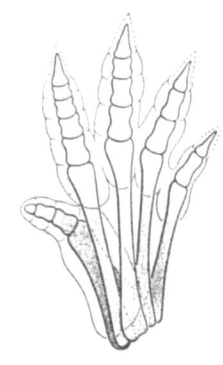

Abb. 48. Rekonstruktion des Skeletts zu obigem Hinterfuß. Verkl. (Nach Soergel 1925.)

Rumpf muß lang und schlank gewesen sein. Der Vorderfuß ist kleiner als der Hinterfuß. Wären beide vom Rumpf gleich belastet gewesen, so müßten bei ihrer Kleinheit die Vorderfüße stärker eingedrückt worden sein. Da dies nicht zutrifft, so muß auf ihnen weniger Massengewicht gelegen haben als auf den Hinterbeinen; der Körperschwerpunkt muß also mehr rückwärts über den Hinterbeinen gelegen haben. Der Schwanz braucht darum nicht gerade kurz, er kann ziemlich lang gewesen sein; dagegen müssen Kopf und Hals verhältnismäßig klein gewesen sein, sonst wären ja wiederum die Vorderfüße stärker belastet gewesen. Aus einem vergleichend-anatomisch bekannten Verhältnis zwischen allge-

Abb. 49. M o d e l l des aus den Fährten rekonstruierten Handtieres C h i r o t h e r i u m. Verkl. (Nach S o e r g e l 1925.)

meiner Fußgröße und Beinlänge ergeben sich weiter wesentlich längere Hinter- als Vorderfüße, welch letztere auch weniger geknickt waren. Dies folgt aus einer Berechnung des Schreitwinkels, den nach ihrer Entfernung voneinander die Füße hatten.

Aus alledem läßt sich ein Modell des Tieres (Abb. 49) herstellen. Hat man es nun derart vor sich, so läßt sich weiter aus dem Habitus auch auf die Formverwandtschaft mit anderen ähnlichen mehr oder weniger gleichalten Sauriern schließen, wie sie das Erdmittelalter zahlreich bietet. Zudem zeigt die Gestalt Merkmale des Kletterns, wie sie baumbewohnende Wirbeltiere an sich haben, worauf u. a. die opponierbare Zehe, d. h. der Fuß als Greiforgan deutet. Diese Schlußfolgerung auf ein Baumleben erklärt dann auch, weshalb in den Sandsteinschichten noch nie ein Rest dieser Tierformen gefunden wurde: sie lebten in den Waldgebieten jener Zeit, wahrscheinlich auf Höhen oder in Sümpfen, und konnten dort kaum fossil werden, jedenfalls war ihr Aufenthalt in dem Gebiet dieser Sandsteinablagerungen, in denen sie ihre Fußspuren hinterließen, stets ganz vorübergehend. Ausgeschlossen ist es natürlich nicht, daß auch noch einmal im Zusammenhang mit den Fährten ein Skelett gefunden wird. Dann wird sich die obige Rekonstruktion vielleicht bestätigt finden.

Wenn man vom lebenden Tier ausgeht und das betreffende fossile mit ihm vergleicht, um daraus Schlüsse auf die Lebensweise des letzteren zu ziehen, so kann dies auf zweierlei Art geschehen. Einmal dadurch, daß man eine möglichst gleichartige Form unter den Lebenden sucht und dann dem fossilen Tier im allgemeinen dieselbe Lebensweise zuschreibt. Sodann, indem man aus den bei Lebenden im allgemeinen gewonnenen Beziehungen zwischen Körperformen und Lebensweise generell diese Erkenntnisse auf irgendwelche entsprechenden fossilen Tiere anwendet.

Abb. 50. Meermuschel der Tertiärzeit mit klaffendem Hinterende als Beweis des Lebens im Sandboden. Verkl. (Original.)

Wenn wir also etwa fossile Muscheln finden, deren aus zwei Klappen bestehende Schale rückwärts nicht zusammenschließt, sondern bei denen auch im geschlossenen Zustand die Schale noch klafft, so werden wir daraus auf das Hindurchtreten sogenannter Siphonalröhren schließen, welche bei den Lebenden den Zweck haben, dem im Sandboden vergrabenen Muscheltier die Kommunikation mit der Außenwelt zu ermöglichen; es nimmt durch die eine Siphonalröhre Wasser und Nahrung auf, durch die andere stößt es die verbrauchten Stoffe ab. Die entsprechend gebaute fossile Muschelschale (Abb. 50) wird somit einem Tier angehört haben, das auf gleiche Weise im Sandboden eingegraben lebte. Oder ein anderes Beispiel. Unter den frühtertiärzeitlichen Säugetieren treten Formen auf mit raubtierartigem Gebiß, Reißzähnen und bekrallten

Zehen. Wir schließen daraus, daß es raubtierartige Fleischfresser waren, obwohl sie gattungsmäßig nicht mit den lebenden Raubtieren übereinstimmen und sicher einer von ihnen verschiedenen Säugetiergruppe angehört haben müssen.

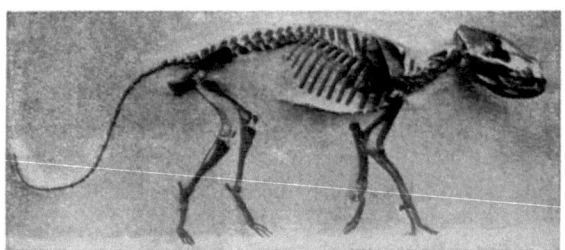

Abb. 51. Skelett und Rekonstruktion des Lebensbildes einer Urraubtier-Gattung vom Beginn der Tertiärzeit in Nordamerika. (Nach Knight aus Osborn 1910.)

Wir stellen uns also zunächst, um sie in ihrer biologischen Form zu verstehen, lebende Raubtiere zum Vergleich vor, und je nachdem jene nun in ihrem Skelettbau mehr oder weniger an einen Tiger, oder eine Hyäne, oder eine sonstige Gattung anklingen, um so mehr werden wir ihnen deren

Lebensweise und äußere Erscheinung zuschreiben dürfen (Abb. 51).

Außerdem aber muß auch ein solcher Körper aus sich heraus verstanden werden, weil sehr oft die genaueren Vergleiche mit lebenden Gattungen versagen und wir dann aus allgemeinen Überlegungen und Erfahrungen vom fossilen Organismus selbst es ablesen müssen, wie er gelebt haben kann. Auch hierfür ein Beispiel. Der gewöhnliche marine Trilobitenkrebs des Erdaltertums hatte, wenn er nicht überhaupt augenlos war, auf der Rückseite des Kopfschildes zwei Augen oder wenigstens noch Augenhöcker. Dagegen sticht die beigefügte Aeglina aus der Silurzeit (Abb. 52) ab. Ihre Augen sind außerordentlich vergrößert und sogar nach der Unterseite des Kopfes hin besonders verbreitert. Sehen wir uns unter den Lebenden nach etwas Entsprechendem um, so finden wir derart vergrößerte Augenflächen nur bei einigen Tiefseekrebsen, die in den Regionen ewiger Düsterheit oder Nacht leben. Ihre Augen sind von Natur aus angepaßt an eine möglichst ausgiebige Aufnahme geringster Lichtreize, die sich offenbar durch die ungeheure Menge der einzelnen Augenzellen verstärken und dem Tier das Sehen dennoch ermöglichen. Nun haben diese Krebse weiter nichts mit den Trilobiten gemein und gehören einer ganz anderen Gruppe an. Dennoch können wir diese Eigenschaft der Riesenaugenflächen und ihre Wirkung nun auf die bei Aeglina gefundenen gleichartigen anatomischen Verhältnisse anwenden. Sehen wir genauer zu, so besteht jedoch noch ein wesentlicher Unterschied zwischen der fossilen Aeglina und dem jetztweltlichen Tiefseekrebs: bei diesem liegen die Augenflächen bloß auf der Rückenseite des Kopfschildes, bei Aeglina jedoch dehnen sie sich auf der Kopfunterseite aus, und zwar wesentlich mehr als auf der Kopfoberseite. Dollo schloß daraus, daß das Tier tagsüber tief unter Wasser im

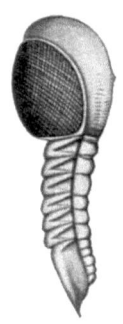

Abb. 52. Trilobitenkrebs der Silurzeit m. stark vergrößerten Augen auf der Unterseite des Kopfschildes, als Beweis für nächtliches Schwimmen. üb. nat. Größe. (Aus Dollo 1910.)

Dunkel lebte — die lichtlose Region beginnt schon bei 200 m — aber zur Nachtzeit an die Oberfläche stieg, dabei auf dem Rücken schwamm und so die unter dem Kopfschild liegende Augenfläche zum Absuchen der Wasseroberfläche nach Nahrung benützte.

Solche Schlußfolgerungen sind im Einzelfall natürlich starken Irrtumsmöglichkeiten unterworfen. Denn es zeigt

Abb. 53. Seelilie (Antedon) aus dem lithographischen Jurakalk von Franken. Nat. Größe. (Original.)

sich beim Überblick über die Lebensweise der Lebenden, daß sehr häufig die Körperform nicht mehr jener Lebensweise entspricht, welche den Tieren vielleicht ihrer Organisation nach von Natur aus zukam. Vielfach haben sich, besonders für Arten, die aus sehr alter Zeit noch herüberreichen, die Umwelts- und Lebensbedingungen so geändert, daß Konkurrenten die Plätze und Lebensmöglichkeiten übernommen haben, die ursprünglich ihnen zukamen. Dann bequemen sich die alten Formen einer neuen Lebensweise an, aber die ursprünglich für die Körperform gegebene Lebensweise führen sie nicht mehr. Ein Beispiel hierfür ist der in Kap. II, 1 erwähnte Nautilus, dessen luftgekammerte Schale unbedingt für das Auf- und Niedersteigen sowie für das Schweben im Wasser oder an der Meeresoberfläche gebaut ist; ja aus der Form der allerältesten, ganz geradegestreckten Nautilidengehäuse (Abb. 86 a, S. 155) müssen wir sogar schließen, daß sie wegen ihrer äußerst spitzen feinen Schale überhaupt nicht zum Boden niedergingen, sondern nur im freien Wasser schwebende Tiere waren. Heute aber ist der Nautilidenstamm mit seinen letzten Arten im Aussterben; zahllose andere Molluskengattungen und auch andere Tiere haben seine ehemaligen Lebensplätze sozusagen ausgefüllt. Und nun steigt er nur sehr selten noch im Wasser empor, kriegt vielmehr in der Tiefe am Boden herum, wozu seine Schale ganz und gar nicht gebaut ist, sondern wofür die ungekammerte, relativ schwerere Schneckenschale viel mehr das biologisch gegebene Organ ist.

Zuweilen gehen Umwandlungen an Organismentypen vor sich, wenn sie ihre Lebensweise wechseln. Was da allerdings Ursache, was Wirkung ist, läßt sich nicht ohne weiteres sagen: ob die veränderte Lebensweise die Umwandlung der Form nach sich zieht oder umgekehrt. Als Beispiel solcher Wandlung der Form mitsamt der Lebensweise mag eine Seelilie (aus dem Stamm der Echinodermen, Stachelhäuter) dienen. Die Seelilien stehen auf einem mehr oder weniger langen, vielgliederigen Stiel am Boden des Meeres und waren besonders in früheren Epochen sehr zahlreich. Nun gibt es seit der

Abb. 54. Larve von Antedon aus dem Stillen Ozean, zum Beweis, daß die obige Form (Abb. 53) aus festsitzenden Seelilien hervorging. Ca. 5fach vergr. (Nach Stromer v. Reichenbach 1909.)

Juraperiode eine Form, Antedon (Abb 53), die keinen Stiel mehr hat, sondern nur noch die Körperkapsel und die Arme. Diese Gattung läuft auf den Armen, ähnlich wie eine Spinne auf langen Füßen, während bei den gestielten Seelilien die Arme nach oben stehen und dem Nahrungsfang dienen (Abb. 28, S. 41). In seinem frühesten Jugendstadium als Larve (Abb. 54) dagegen, hat der Antedon noch einen Zustand, in dem sein rundlicher Körper mit den vielen Armen nach oben gerichtet ist und auf einem Stiel sitzt, wie die allermeisten Seeliliengattungen überhaupt. Man schließt daraus, daß Antedon von einer normal gestielten, festgesessenen Form „abstammt", und daß sich im Zusammenhang mit der Wandlung des Körpers die Wandlung seiner Lebensweise vollzogen habe.

Man kann also aus der äußeren Gestalt der fossilen Tiere in gewissem Sinn eine Art Geschichte ihrer Lebensweise ableiten und damit diese selbst um so anschaulicher machen. So sind die Reptilien nach ihrer Organisation als Lungentiere und Vierfüßler ausgesprochene Landtiere, und soweit unsere Kenntnis zurückreicht, waren sie es auch von Anfang an. Allmählich aber, vom Erdmittelalter an, begegnen sie uns auch in Meeresschichten, und ihre Organisation deutet dort auf das Wasserleben; und zwar erscheinen sie von Zeitstufe zu Zeitstufe in immer vollkommenerer Anpassung an das Leben in diesem Element. Die innere Organisation des Reptils ändert sich dabei nur wenig. Um so mehr aber zeigt sich eine äußerliche Umformung, die sich auch im Skelett bemerkbar macht Der ehedem für das Landleben geeignete Gehfuß erscheint als Schwimmfuß. Nach der vergleichend anatomischen Rekonstruktion haben sich wohl zunächst zwischen den Zehen Schwimmhäute gebildet (Abb. 55), die Zehen spreizen sich, und die ganze Extremität erfährt in allen ihren Teilen eine Verkürzung. Endlich erscheint an Stelle des ursprünglich gestreckten Gehfußes eine kurze breite Flosse, wie sie in der äußersten Vollendung der Ichthyosaurustyp, die Fischechse (Abb. 33, S. 53) zeigt. Dieser Umgestaltung der Flosse entspricht nun zugleich auch eine Umgestaltung des Schulter -und Beckengürtels, der nunmehr bei den durch das Schwimmen veränderten statischen Verhältnissen ganz anders beansprucht wird als zuvor beim Gehen. Der Körper schwimmt im Wasser und braucht nicht mehr der Extremitäten als Stütze, die ihn statt dessen rudernd fortbewegen. Die Streckung des mit langem Rachen versehenen Schädels bei Ichthyosaurus geht Hand in Hand mit einer Verkürzung des Halses, wodurch der Körper steifer wird und eine torpedoförmige Gestalt erhält, die ihn zum Durchschneiden des Wassers höchst geeignet macht. Die Lungen werden groß, damit das Tier viel Luft aufnehmen und lange unter dem Wasser bleiben kann. Der ursprünglich geradegestreckte Schwanz wird nach abwärts abgeknickt und mit einer Schwanzflosse besetzt, während auf dem Rükken zur Erhaltung der seitlichen Balance eine Rückenflosse steht. Die Abknickung der Wirbelsäule nach abwärts hat den statischen Effekt, daß der untere Teil der Schwanzflosse kräftiger bewegt wird als der obere; infolgedessen steigt normalerweise die Schnauzenspitze immer nach oben, und das Tier kann beim einfachen Schwimmen stets an der Oberfläche Luft fassen. Nur wenn es tauchen will, werden die Ruderextremitäten in Bewegung gesetzt, ähnlich wie bei den heutigen Seelöwen.

So verstehen wir hier die fossile Form aus dem Bau ihres Körpers und zugleich aus der Verfolgung von Reihen, die uns zu weniger vollendet angepaßten älteren Reptilformen zurückführen, wie sie etwa die Triasperiode uns zeigt, wo die Vollendung zum Schwimmtier offensichtlich noch nicht so weit gediehen ist (Abb. 55). Viele andere Wege der Anpassung hat die Natur beim Reptilkörper eingeschlagen, um ein schwimmfähiges Meerestier zu schaffen. So bei den Plesiosauriern (Abb. 56), wo der nicht torpedoartige, sondern gedrungen tonnenförmige Körper einen sehr langen Hals hat, auch sehr weit ausladende Ruderextremitäten, und nach seiner Organisation nicht pfeilartig, sondern nach Art der Seelöwen nach allen Richtungen durch das Wasser schoß und sich dabei nach allen Seiten augenblicklich drehen und mit seinem langen Hals sich die Nahrung erhaschen konnte. Wieder andere Formen waren mehr langgestreckt aal- bis schlangenförmig und hatten gleichmäßige kurze Ruderextremitäten (Abb. 77, S. 142).

Es ist nicht nur das Ziel solcher Rekonstruktionsbilder, den ehemaligen Tierkörper als solchen wiedererstehen zu lassen, sondern auch vorzudringen zu einer bildlichen natürlichen Darstellung der Lebensweise in Gemeinschaft mit den Artgenossen oder anderen Lebewesen, seien es Tiere oder Pflanzen, zwischen denen die rekonstruierte Form lebte, die ihr zur Nahrung dienten, oder denen sie selbst unterlag. Auch hierfür ist die liebevolle und sinnvolle Betrachtung der jetzt lebenden Umwelt ein Grunderfordernis. Häufig sieht man solche Landschaftsrekonstruktionen mit darin eingezeichneten Tieren, wo wahllos und nicht natürlich eine Form neben die andere gruppiert ist. Abel nennt dies „Menageriebilder" und verlangt statt deren richtige „Lebensbilder" (Abb. 55

Abb. 55. Lebensbild des teils am Lande, teils im Wasser lebenden Reptils Nothosaurus in der Landschaft des Muschelkalkmeeres in Süddeutschland. (Aus dem Führer zur Naturaliensammlung in Stuttgart 1912.)

u. 56). Vegetationsbilder (Abb. 82, S. 149) sind in dieser Hinsicht meistens natürlicher, und stellt man in sie nun entsprechende Tiere ihres Zeitalters hinein, so darf es nicht staffagemäßig geschehen.

Die Paläobiologie soll also das fossile Tier in seiner ehemaligen Umwelt und Lebensweise verstehen. Geschieht dies auch zunächst in der beschriebenen Weise aus dem Körperbau selbst, so muß notwendig zur Vollendung und Sicherung des Bildes auch die Kenntnis der Schichten kommen, in denen das Fossil liegt und die ein Niederschlag seines ehemaligen Lebensmediums sind. Zunächst fragt es sich also, ob ein Fossil in Meeres- oder Süßwasser- oder Landschichten liegt. Sodann, welche Beschaffenheit im einzelnen die Meeres- oder Landregion hatte; ob es bewegtes oder ruhiges Wasser, warmes oder kühles Klima war; ob es ein feuchtes oder trockenes Land u. dgl. gewesen ist, in dem das Fossil oder die Faunengemeinschaft lebte. Die Art des Gesteins, seine mechanische Struktur, seine chemische Zusammensetzung, also gewisse Merkmale, die wir aus dem Studium

Abb. 56. Schwimmende Meeresechse (Plesiosaurus). Rekonstruiertes Lebensbild. Im Hintergrund die Fischechse (Ichthyosaurus). (Aus dem Führer zur Naturaliensammlung in Stuttgart 1926.)

jetzt sich bildender Ablagerungen kennen, sind uns hierbei Führer zur Aufdeckung der Umstände, unter denen sich eine vorweltliche Schicht gebildet hat.

So finden wir etwa in den Weißjurakalken des bayrischen Donaugebietes stellenweise ungeschichtete grobklotzige, splitterige Kalkmassen, die aus einer milliardenfachen Menge von marinen Schalentrümmern von Korallen, Muscheln, Schnecken, Krebsen, Stachelhäutern, Armfüßlern usw. zusammengesetzt sind. Die darin vorkommenden vollständigen Schalen dieser Tiergruppen sind von außerordentlicher Größe und Dickschaligkeit, während die gleichen Formen in benachbarten, geschichteten und korallenfreien Lagen unscheinbarer, dünnschaliger, kleiner sind. Die Deutung dieser Vorkommen bzw. Unterschiede fällt nicht schwer, wenn wir vergleichen, wie an einem derzeitigen Korallenriff des flacheren Meeres die Wogen anbranden, die abgestorbenen Korallenstöcke nach und nach zertrümmert und zerrieben werden, mitsamt den abgestorbenen Schalen von Tieren, die an den Riffen leben. Dies alles wird als Korallen- und Schalengruß neben dem Riff angehäuft, und wenn es verhärtet, entsteht ein Trümmerkalk, in dem die Reste von Milliarden solcher Tiere angehäuft sind, wie wir sie in den besagten Weißjurakalken treffen. Die an einem Riff lebenden Schalenträger müssen besonders stark gebaut sein, um nicht von der Brandung bei Lebzeiten hin und her geworfen und zerschmettert zu werden. Daher die Dickschaligkeit und Größe gegenüber den im ruhigeren Wasser außerhalb der Riffzone lebenden gleichartigen Formen, wo sich die feinen Kalkschlammschichten vom Wogenprall ungestört ablagern können. Solche Beobachtungen der fossilen Natur und ihr fortgesetzter Vergleich mit der jetztweltlichen führen uns also zu einem biologischen Verstehen der fossilen Formen, die uns so erst wieder zum Leben erstehen und aus „Petrefakten" zu wirklichen Urweltlebewesen werden.

Sehr charakteristisch in dieser Hinsicht sind etwa auch die Seelilien der Devonzeit, wo wir in den durch bewegtes Wasser in Landnähe zusammengeschwemmten Kalken und Sandsteinen neben anderen grobschaligen Flachwassermollusken häufig derbe Seelilien finden (Abb. 57), die in den aus tiefen Zonen mit ruhigem Wasser und von grobem Festlandsmaterial nicht verschütteten Gebieten durch zarte, äußerst fein gebaute Gattungen abgelöst werden (Abb. 30, S. 47), an deren Habitus, wie auch an deren Gesteinlagern. nämlich äußerst feinkörnigen schwarzen Dachschiefern, sich ohne weiteres das tiefe Stillwasser, in dem sie lebten, kundgibt. So erlaubt außer dem Gestein die Tracht der Tiere selbst den Lebensraum zu bestimmen, aus dem sie stammen.

Die Beziehung von Umgebung und Lebewesen, abgeleitet

sowohl aus dem Bau und der Organisation, wie auch aus den Schichten, in denen die Fossilien sich finden, erläutert aufs schönste ein Vorkommen aus dem Erdaltertum von einem damals im Norden des atlantischen Gebietes bestehenden Kontinent. Aus der Devonzeit sind uns dort Schichtungen von Sandsteinen, Tonen, Konglomeraten, durchsetzt von vulkanischen Materialien, überliefert. Die Gesteinsfolgen lassen erkennen, daß die meistens buntfarbigen, roten und grünen Ablagerungen sich auf einem Land absetzten, das einen wüstenartigen Charakter hatte. Zeiten großer Trockenheit wurden unterbrochen von heftigen periodischen Niederschlägen, welche rasch alles inzwischen verwitterte Material zusammenrafften, es durch neu entstehende Bäche und Flußsysteme verfrachteten, zerrieben und teilweise in Seen ablagerten, die sich plötzlich gebildet hatten, um bald wieder auszutrocknen.

Abb. 57. Seelilie in devonischem Kalkstein der Eifel. Derbe, gedrungene Form des bewegten Meerwassers. Verkl. (Original.)

In den Schichtungen dieser Epoche und Gegenden treten uns merkwürdige altertümliche Gestalten von niederen Wirbeltieren entgegen, die man zunächst zu den Fischen

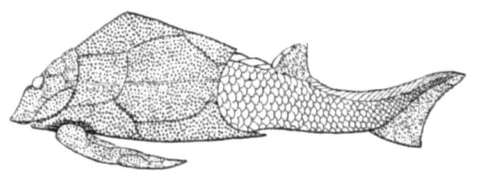

Abb. 58. Panzerfisch aus der devonischen Oldred-Sandsteinformation Schottlands. Verkl. (Aus Traquair 1888.)

zählen möchte, die aber in ihrer Organisation so viel Merkwürdiges haben, daß man zweifelhaft ist, wohin man sie rechnen soll. Es waren, um aus der Mannigfaltigkeit nur einen Typ herauszugreifen, schwer gepanzerte Gestalten (Abb. 58), deren Schwanzteil dicke Schuppen trug. Ihre

Vorderextremitäten sehen nicht wie Flossen aus, sondern wie Stelzbeine. Es ist im Zusammenhang mit den geschilderten klimatischen Verhältnissen nun sehr wahrscheinlich, daß sie wie Fische im Wasser leben konnten, aber wenn dieses wieder versiegte, bewegten sie sich wohl ebenso auf dem Trockenen. Dazu dienten nicht nur die stelzenartigen Schreitfüße, wie sie ähnlich an einzelnen jetzigen Fischen noch zu sehen sind, die gelegentlich aufs Trockene steigen; sondern auch der starke Panzer war geeignet, einerseits sie gegen Feinde zu schützen, die vielleicht damals schon in Gestalt von Landreptilien lebten, dann aber auch das rasche Austrocknen ihres Weichkörpers zu verhüten. Daß so etwas mit im Spiele war und ihre Gestalt so verstehen läßt, beweist eine andere Fischform, die heute noch ähnlich als Lungenfisch in den Südkontinenten vereinzelt auftritt. Diese Fischform, damals zum erstenmal erscheinend, hat infolge der Umbildung ihrer Schwimmblase zu einem lungenartigen Sack die Fähigkeit, beim Austrocknen der tropischen Flüsse einen Sommerschlaf zu halten, sich in den Boden zu verkriechen und nun in diesem Zustand auszuhalten, bis erneuter Zufluß von Wasser es ihr wieder ermöglicht, wie ein richtiger Fisch mit den Kiemen im Wasser zu leben. Damals, auf dem ,,alten roten Nordland", wie es Joh. Walther genannt hat, erschien zum erstenmal diese merkwürdige Fischorganisation. So erkennen wir den Zusammenhang von Umweltsbedingungen und Organisation der Lebewesen und verstehen, inwiefern die Paläontologie zu einer Paläobiologie werden kann.

Schließt man von der Lebensweise und dem Lebensraum der heute lebenden Tiere und Pflanzen auf jene entsprechender fossiler Formen, so darf auch nicht übersehen werden, daß sich beides, Lebensort und Lebensweise mancher Gattungen oder Typen im Lauf der erdgeschichtlichen Zeit entscheidend geändert hat, ohne daß die Körperform ersichtlich eine solche Änderung entsprechend beantwortet hätte. Es kann daher ein unmittelbarer Schluß vom Lebenden auf gleichartiges Fossiles nicht unter allen Umständen zu einem sicheren Ergebnis führen; immer ist, wie schon gesagt, die Schichtbildung und das, was sie uns über den ehemaligen

Lebensraum sagt, entscheidend mit in Betracht zu ziehen. So holen wir heute aus dem Dunkel der Tiefsee mit dem Schleppnetz vielfach Typen heraus, deren allernächste Verwandte in früheren Erdepochen das lichtdurchflutete Flachmeer bewohnten; oder wir treffen heute Süßwasserformen an, die entweder selbst zu früheren Zeiten das Salzwasser des Meeres bewohnten oder vermutlich Abkömmlinge von Formen jenes andersartigen Lebensraumes sein dürften.

Beispiele hierfür sind die Seelilie Pentacrinus, deren fossile Arten stets in marinen Flachwasserschichten, insbesondere der Jurazeit sich finden (Abb. 28, S. 41), gewisse Krebse und Seeigel ebenso. Die für das Erdmittelalter besonders charakteristischen, schmelzschuppigen Ganoidfische (Abb. 75, S. 140) waren Meeresbewohner; heute sind sie Süßwasserbewohner in ihrem letzten Rest, dem Stör; auch die Krokodile sind auf das Süßwasser beschränkt, während sie noch im Erdmittelalter in Marinablagerungen auftreten.

Die Ursachen für derartige Änderungen des Lebensraumes sind noch nicht ermittelt. Reine Umwandlungsmomente im Sinn der Deszendenzlehre können es nicht sein, weil sich gerade derartige Formen teilweise überhaupt nicht wesentlich umgewandelt haben. Es liegt nahe anzunehmen, daß das Aufkommen neuer, das Leben in den bisherigen Räumen besser meisternder Formen zur Verdrängung der Frühen, also zu einem Sieg im Kampf um den Lebensraum geführt haben. Und dies um so mehr, als wir finden, daß solche verdrängte Formen „Relikten" sind, d. h. Typen, die früher einmal in großer Artenzahl überall existierten, dann aber aus inneren Gründen der Organisation vermutlich allmählich zum Erlöschen kamen und heute nur noch in wenigen Formen und geringer Zahl an beschränkten Orten leben.

Aus dem Vorkommen der lebenden Formen auf das der fossilen zu schließen, ist nur dann sicher, wenn die letzteren in Gesteinsbildungen auftreten, denen wir die Herkunft aus Ablagerungsräumen ansehen, welche den Lebensräumen der gleichen jetztweltlichen Formengruppen entsprechen. So macht Broili darauf aufmerksam, daß die geologische Verbreitung der drei am besten bekannten Gruppen von Kiesel- und Kalkschwämmen, der Lithistiden, Hexaktinelliden und Kalkspongien genau denen ihrer lebenden Vertreter entspricht. Die beiden ersteren nämlich bewohnen jetzt tiefe und mäßig tiefe Meereszonen; die Kalkschwämme aber bevorzugen seichte Küstenstriche. ,,Da sich auch die fossilen Kalkschwämme fast nur in mergeligen, tonigen oder sandigen Ablagerungen von entschieden litoralem Charakter finden, die fossilen Lithistiden und Hexaktinelliden aber vorzugsweise in Kalksteinen vorkommen, in denen Kalkschwämme fehlen, so läßt sich daraus schließen, daß auch die fossilen Spongien ähnlichen Existenzbedingungen unterworfen waren wie ihre jetzt lebenden Verwandten."

Ein biologisch recht schwieriges Problem ist auch die Frage, weshalb den Baumgewächsen älterer Epochen die *Jahresringe* fehlen. Man nahm stets an, daß Jahresringbildung einzig und allein von der Gegensätzlichkeit der Jahreszeiten abhinge, und daß solche Gegensätzlichkeit nur möglich war, wenn es nicht überall auf der Erde gleichmäßig warm und mild, wie etwa um die Mitte des Erdmittelalters oder zur Steinkohlenzeit war. Aber es scheint, daß eine fehlende Jahresringbildung auch noch andere Ursachen haben und unabhängig vom Klima, d. h. vom allgemeinen Wärmegrad ist; daß sie sich vielmehr als eine Funktion von Feucht und Trokken erweist. Es ist nämlich auffallend, daß gerade die Pflanzen des Erdaltertums und des Erdmittelalters so gut wie keine Andeutung von Jahresringen zeigen. Nun wissen wir aber von den ersteren, daß sie durchaus noch an das Wasser oder wenigstens an stark wässerigen Boden gebunden waren. Wäre das Klima und die Zonenbildung allein maßgebend gewesen, so dürfte man immerhin erwarten, etwa zur Steinkohlenzeit in einzelnen polnahen Gegenden Bäume mit Jahresringen zu finden. Aber einerlei, ob wir die Gewächse damaliger Zeit aus heute tropischen oder heute polarkalten Gegenden holen, stets fehlt ihnen jenes Merkmal. Man wird also annehmen müssen, daß das stetige Wurzeln in sehr nassem Boden die Ausbildung von Jahresringen verhinderte, bzw. daß die damalige Flora eben noch gar nicht zu dieser Organisierung neigte, weil sie überhaupt nur in stets durchwässertem Boden gedeihen konnte.

Nun ist es merkwürdig, daß auch jene Gewächse, welche am Ende der Steinkohlen- und in der Dyaszeit in den vereisten Gebieten lebten, wiederum gegenüber allen übrigen hierin nicht verschieden waren, obwohl es doch naheliegt, daß das Leben auf einem vereisten Land andere Erscheinungen an den Pflanzen hervorrief, als das Leben weit weg von solchen. Daraus aber läßt sich schließen, daß die Eiszeit am Ende des Erdaltertums klimatisch etwas ganz anderes war, als etwa die quartäre Eiszeit, auf deren Konto wir die Verdrängung wärmeliebender Pflanzen und Tiere aus den Polargegenden in niedere Breiten unbedingt setzen müssen. Trotz der Eisflächen auf dem Südkontinent am Ende des Erdaltertums müssen also doch damals Verhältnisse geherrscht haben, welche es den Pflanzen ermöglichten, am Rande des Eises zu leben. Daraus aber geht wohl hervor, daß jene Eismassen von hohen Gebirgen kamen und in warmes Niederungsland vorstießen, wo unmittelbar am Eisrand Vegetation herrschte. Es ist diese ganze Erörterung auch ein Beispiel, wie außerordentlich verwickelt die Frage nach der Verteilung, der Ortsveränderung und der Lebensweise früherer Formen ist.

4. Die Verteilung der Lebensräume fossiler Formen.

Wenn wir an verschiedenen Stellen der Erde das gleiche Fossil, sei es ein Marin- oder Landtier, antreffen, so liegt der Schluß nahe, daß gleichartige Lebensräume einstmals bestanden haben, in denen dieselbe Art oder Gattung gedeihen konnte. Man kann aber auch weiter schließen, daß eine entsprechend gleichartige Raumverbindung bestand, und ist damit in der Lage, diesen „Lebensraum" über eine größere Strecke hin zu rekonstruieren. Auf diese Weise erlauben gleichartige Fossilien ein Urteil über die ehemalige Ausdehnung eines Landkomplexes oder eines Meeresbeckens. Dabei ist allerdings die Voraussetzung gemacht, daß jede Form von einem bestimmten, enger begrenzten Lebensbezirk ihren Ausgang nahm und sich durch Wanderung weit verbreitet habe, aber nicht an zwei getrennten Stellen der Erde auch zweimal unabhängig entstanden sei.

Wenn in Australien, ehe der Kulturmensch die altweltlichen höheren Säugetiere hinüberbrachte, nur Beuteltiere existierten[1], so kommt nach der allgemeinen Auffassung dieser Mangel an höheren Säugern daher, daß die ganze Tertiärzeit hindurch jener kleine Kontinent von Asien abgetrennt war, also von den dort sich entwickelnden und von da aus sich verbreitenden höheren Säugern nicht besiedelt werden konnte. Umgekehrt erlaubt uns die Gleichartigkeit gewisser jungtertiärer Säugetiere der Alten und Neuen Welt auf eine zu bestimmter Zeit bestehende Landverbindung zwischen beiden Kontinentalgebieten zu schließen. Dagegen beweist hinwiederum die Verschiedenheit der tertiären Säugetierwelt Nord- und Südamerikas bis in die jüngste erdgeschichtliche Zeit eine Unterbrechung der mittelamerikanischen Landbrücke.

Im Erdaltertum finden wir eine große Übereinstimmung der fossilen Meerestiere in den gleichalten Schichten Nordeuropas und des östlichen Nordamerika, während zwischen den gleichalten Marinfaunen der pazifischen und atlantischen Seite der Vereinigten Staaten eine deutliche Verschiedenheit herrscht. Wir entnehmen daraus, daß ein einheitliches Meeresgebiet zwischen Nordeuropa und dem Osten Nordamerikas bestand, während zwischen diesem und dem pazifischen Rand irgendwelche der Tierverbreitung ungünstige Verhältnisse eingeschaltet waren, also vermutlich eine Landmasse, welche beide Meeresteile trennte und ein Herüberwandern vom einen zum anderen und damit einen Formenaustausch nicht erlaubte. Da es sich aber bei den in Nordeuropa und dem östlichen Nordamerika gleichartigen

---

[1] Eine Ausnahme macht der australische Hund, der Dingo, der sich zu den dortigen Wilden gesellte, ohne in unserem Sinn ein Haustier zu sein. Seine Herkunft ist noch durchaus rätselhaft.

Vorkommen der marinen Fossilien um Arten handelt, die in einem Flachmeer nur leben konnten, also einen breiten und tiefen Ozean nicht zu durchwandern fähig waren, so zwingt ihr gleichmäßiges Vorkommen weiter zu dem Schluß, daß irgendwo auch eine Kontinentalküste oder ein Inselbogen mit einem seichten Meeresgürtel sich über das Gebiet des heutigen Atlantik herübergezogen haben muß, längs dessen sich diese Seichtwasserarten von Europa nach Amerika und umgekehrt ausbreiten konnten.

Wir wollen jetzt ein Beispiel behandeln, das zunächst die Verbreitung fossiler Formen unter der Voraussetzung einer zusammenhängenden natürlichen Entwicklung von Gattung zu Gattung und einer Ausstrahlung von einem bestimmten, enger umgrenzten Punkt der Erde her wahrscheinlich macht, um dann die Bedenken zu zeigen, die sich gegen eine solche Erklärung geltend machen lassen.

Die Elephantiden sind heute auf das zentrale Afrika und das südliche Asien beschränkt. In den Schichten der vorausgehenden Eiszeit finden wir in vielen Ländern Vertreter der Elephantiden, bekannt unter dem Namen des Mammut; und in den noch etwas älteren tertiärzeitlichen Schichtungen sind Elephantiden in großer Artenzahl weltweit verbreitet. Die ältesten Elephantidenreste nun sind in frühtertiärzeitlichen Anschwemmungen des „Urniles" in Unterägypten entdeckt worden, in zwei verschiedenen Grundformen: dem etwa nur tapirgroßen und wohl auch kaum rüsseltragenden Moeritherium und dem etwas größeren ähnlichen Paläomastodon. Von dieser „Urheimat" aus stand nun dem Elephantidenstamm der Weg nach dem Süden Afrikas, ebenso aber auch hinüber nach Asien und Europa, und von beiden letzteren Flächen aus auch nach Nordamerika offen, weil damals nach allen diesen Kontinenten Landverbindungen da waren. In der Tat finden wir auch bald darauf in der Jungtertiärzeit Elephantiden mit mehr und mehr entwickelten Stoßzähnen, die Mastodonten, in allen Weltteilen, außer in Australien, das, wie oben erwähnt, damals schon abgetrennt beiseite lag. Während nun in Europa die Entwicklung des Elephantidenstammes steckenblieb, finden wir im mittleren und südlichen

Asien, vielleicht auch in Zentralafrika in der Jungtertiärzeit eine neuartige Elephantidengruppe, die Stegodonten, die nun formal vermitteln zu einer weiteren Elephantidengruppe, die wir bereits im engeren Sinn als Elefanten bezeichnen dürfen und die gegen Ende der Tertiärzeit bei uns in der Alten Welt zu der Art Elephas antiquus, in Nordamerika aber zu der Wurzelform der anderen Art, des Mammut (El. primigenius) führte. Beide Formenreihen eroberten wiederum weite Verbreitungsgebiete. Die Mammute wanderten über die damalige Landbrücke der Beringstraße und trafen dort zusammen mit den antiquus-Formen des europäisch-asiatischen Kontinentes. So finden wir schon im frühen Diluvium in Europa beide Gruppen, nachdem sie auf ihren weiten Wanderungen einige Veränderungen durchgemacht haben. Später wird die offenbar mehr wärmeliebende Rasse des Elephas antiquus durch die klimatischen Einflüsse der Eiszeit nach Süden gedrängt und gelangt dabei über die damals noch vorhandenen Landbrücken des Mittelmeeres (Sizilien, Malta, Syrten) nach Afrika hinüber. Die mehr kälteliebende wollhaarige Rasse der Mammutreihe hält sich aber trotz der Eiszeit noch lange im Norden von Europa und Asien. Ob auch sie schließlich gegen Süden gedrängt wurde und ihr Endglied im heutigen indischen Elefanten findet, ist noch nicht sicher; jedenfalls steht der indische Elefant dem Mammut der Diluvialzeit näher als den in Indien zur Eiszeit heimischen Stegodonten und der antiquus-Reihe.

So kann man die Sache ansehen, wenn man mit der Abstammungslehre in ihrer hergebrachten Form überzeugt ist, daß alle Gattungen, die wir nach ihrem anatomischen Bauplan im weitesten Sinn Elephantiden nennen, von einer Urform ausgingen, sich durch die Zeitalter immer mehr differenzierten und auseinander entwickelten und so von ihrer „Urheimat" her die Erde besiedelten.

Indessen ist man an einer derartig schematischen Auffassung irre geworden, seit man bei vielen Gruppen fossiler Tiere und Pflanzen erkannte, daß eine solche Zusammenfassung ähnlicher Gestalten zu einer „natürlichen Familie" nicht den natürlichen Gegebenheiten entspricht. Schon die Zweiheit der Ausgangsformen für die „Elephantiden", die wir oben als Moeritherium und Paläomastodon bezeichneten, beweisen, daß hier von Anfang her grundsätzlich eine Zweistämmigkeit bestand. Die weitere Verfolgung der Elephantiden in der Tertiärzeit hat auch für die später erscheinenden Formen die Annahme eigener Entwicklungsbahnen dargetan, und so ist es heute, man darf wohl sagen: sicher, daß der Elephantidentypus mehrfach auf der Erde entstanden ist. Dieses Ergebnis ist aber auch für alle anderen Tiergruppen, und wie sich neuerdings mehr und mehr herausstellt, auch für die Pflanzengruppen, so stereotyp, daß man das gleichzeitige Auftreten fossiler Arten an weltweit getrennten Stellen und auf verschiedenen Kontinenten nicht mehr durchweg auf Einwanderungen zurückführen darf. So läßt sich nachweisen, daß etwa die für die Unterkreidezeit bezeichnenden Ammonoideen des Meeres mindestens in Asien und dann wieder in Europa, wahrscheinlich auch in Mittelamerika getrennt und gleichsinnig sich entwickelten, indem sie aus Formen hervorgingen und enge sich an solche anschließen, die schon zur Jurazeit in diesen Gebieten lebten. Was also, im Gegensatz zu jener zuerst behandelten Auffassung des Ausstrahlens der Haupttypen von einem einzigen Punkt, einer engeren Urheimat, auch noch die andere Anschauung nahelegt, an eine vielörtliche und vielstämmige Entstehung zu glauben, ist die Tatsache, daß zu allen erdgeschichtlichen Zeiten die einzelnen Kontinental- und Meeresgebiete bestimmte, ihnen eigentümliche Rassen aufweisen und durch lange Epochen hindurch ihren floristischen und besonders faunistischen Charakter beibehalten. So sind die Riesensaurier gegen Ende des Erdmittelalters in Nordamerika, Asien, Afrika und Europa zwar im allgemeinen Habitus sehr ähnlich, aber es sind doch immer andere Gattungen, andere Familien, andere geographische Typen, durch welche die ideale Gesamtform in der gegenständlichen Wirklichkeit vertreten erscheint. Bei den Ammonshörnern des Erdmittelalters läßt sich in mehreren Fällen erkennen, daß sie sich in den verschiedenen Räumen des Weltmeeres gleichsinnig umbildeten, und daß die einzelnen geographischen Regionen ihre ihnen eigentümlichen

Rassen derselben Geschlechter, derselben Generaltypen aufweisen. Selbstverständlich gibt es dabei auch Wanderungen. Die Areale der Verbreitung ändern sich. Es ist also nicht so, daß solche Wanderungen geleugnet werden sollen; wohl aber darf man die Verbreitung des Gleichen oder scheinbar Gleichen nicht schematisch auf das Ausstrahlen nur von einem Punkt der Erde aus zurückführen. Beides spielt eben ineinander: die regionale mehrfache und gleichzeitige Entstehung einerseits, die Aus- und Einwanderung andererseits.

Hier liegen außerordentlich verwickelte Probleme der stammesgeschichtlichen und biologischen Paläontologie vor, die geeignet sind, unsere Auffassung der Abstammung überhaupt grundlegend umzuschmelzen. Damit wird aber auch das Fossil als Mittel, ehemalige Land- und Meeresverbindungen nachzuweisen, sehr in Frage gestellt. Eine objektive Tier- und Pflanzengeographie der Vorwelt wird also gut daran tun, sich nicht zu sehr auf solche Schlüsse zu verlassen, sondern vor allem die Geologie zu Hilfe zu rufen, welche uns durch die sichere Feststellung von Ablagerungen aus jeder bestimmten Epoche erst ein kontrolliertes Bild von der Verteilung der Länder und Meere zu geben imstande ist, wenn wir an weltweit getrennten Stellen der Erde die gleiche fossile Form entdecken. Genau dies gilt, wie nebenbei bemerkt sei, auch für die Biogeographie der lebenden Formen.

Fossile Tiere und Pflanzen weisen durch die Art ihrer Verteilung also vielfach auf Zusammenhänge von Wohngebieten hin, aber nicht nur dies; sondern eben durch die Art ihrer Verteilung und durch ihr biologisches Gewand, das sie zur Schau tragen, erlauben sie auch bestimmte Schlüsse auf die sonstige Ausgestaltung ihrer Lebensräume, auf die Lebensbedingungen, unter denen sie standen. Denn es gibt bestimmte biologische Merkmale, die man an der jetztzeitlichen Lebewelt gewinnen kann, aus denen sich Schlüsse auf die klimatischen Umstände ziehen lassen, unter denen auch vorweltliche Tiere und Pflanzen lebten, die derselben Eigenschaften teilhaftig waren. So ist es ein Charakteristikum für tropische Mollusken und Korallen, daß ihre Kalkschalen sehr üppig gedeihen, daß sie kräftig und groß werden. Auch sind bestimmte Gattungen charakteristisch für warme, andere für kältere Meere. Palmen sind charakteristisch für warmes Klima, ebenso im Meer die Korallenriffe usw. Wenn wir nun in den Schichten der Tertiärzeit im Nordpolargebiet Pflanzenreste finden von Arten, die wir heute nur in gemäßigtem, ja warmem Klima antreffen, so ist der Schluß zwingend, daß damals etwa in Grönland, wo heute noch das Polareis liegt, ein mildes Klima herrschte. Wenn wir in den Kalkfelsen der Jurazeit in Süddeutschland Korallenriffe antreffen mit Formen, wie sie heute als Riffbauer nur die warmen Meere bevölkern (Abb. 59), so werden wir mit Recht

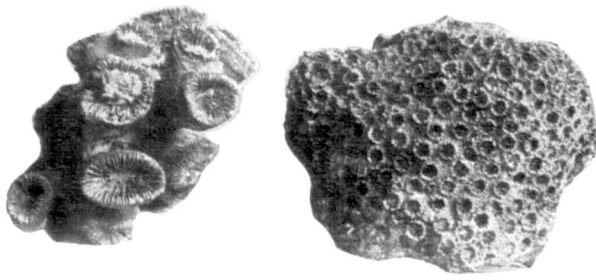

Abb. 59. Korallenstöcke aus den Riffen des Jurameeres bei Ulm. Verkl. (Original.)

daraus auf eine hohe Wärme, vielleicht auf tropischen Charakter des damaligen europäischen Jurameeres schließen, das uns in jenen Kalkschichtungen seine Ablagerungen hinterlassen hat. Wenn wir im Erdmittelalter vielfach genau dieselben Pflanzen in den Ablagerungen heute tropischer und polarer Gegenden und sonst überall auf der Erde die gleichen Gattungen und Arten finden, so ist uns dies ein Hinweis für ein damals recht einheitliches Klima auf der ganzen Erde, das in auffallendem Gegensatz steht zu der heutigen schroffen Differenzierung.

In den Vorweltepochen kann man nun, ähnlich wie auf der heutigen Erdoberfläche, wenn auch nicht mit der gleichen Sicherheit und Deutlichkeit, *tier- und pflanzengeographische Reiche* oder engere Provinzen unterscheiden, die wohl auf verschieden geartete Gesamtlebensbedingungen hinweisen und vermutlich durch zwei Faktoren grundlegend bedingt waren: durch die Entstehung bestimmter Typen und Gruppen in gewissen Lebensräumen, dann durch die allgemeinen Lebensbedingungen, wie Klima, Bodenverhältnisse, Salzgehalt des Meerwassers u. dgl.

Bei der Abgrenzung biogeographischer Gebiete sind solche des Landes und solche des Meeres zu unterscheiden. Im allgemeinen wissen wir mehr von den letzteren, weil uns Meeresablagerungen und vor allem Meeresfossilien durchschnittlich weit reichlicher erhalten sind als Landablagerungen und Landlebewesen (vgl. Kap. 1, 2). Für die ältesten Epochen des Erdaltertums einschließlich der Devonzeit können wir überhaupt nur auf Grund der Meerestierwelt etwas Biogeographisches feststellen; denn die Pflanzen sowohl wie die Landtierwelt sind damals noch nicht oder höchst unzureichend entwickelt. Erst von der Steinkohlenzeit ab läßt sich auch das Leben auf den Landgebieten deutlicher erkennen. Es ist natürlich das Bestreben der Paläontologie, das, was für das eine Lebensgebiet, das Meer ermittelt wird, stets zu vergleichen mit dem, was uns die Landbiogeographie zeigt, um so zu der Erkenntnis der allgemeinen irdischen Lebensbedingungen und ihrer Gliederung in den einzelnen Epochen vorzudringen. Dabei zeigt sich, daß noch weit bis in das Erdmittelalter herein die Verteilung des Lebens auf der Erde zwar deutlich erkennbar, aber nach ihren ursächlichen Zusammenhängen nicht verständlich ist. Denn man findet dort, wie man auch die Verhältnisse ausdeuten mag, nirgends ebensolche Klimazonen wie heute, weder der Temperatur, noch der räumlichen Anordnung nach; solche werden erst von der oberen Hälfte der Kreidezeit ab deutlich. Infolgedessen ist es auch noch nicht gelungen, für jene älteren Epochen eine gesicherte Tier- und Pflanzengeographie zu geben, ebensowenig wie eine gute Klimatologie. Wir müssen uns mit der Hervorhebung von marinen oder terrestrischen Lebenskomplexen und Lebenszentren begnügen. Erst von der oberen Hälfte der Kreidezeit an erscheinen die Anordnungen der Tiere und Pflanzen, sowohl im Meer wie auf den Ländern in einem klareren Zusammenhang mit den hauptsächlich klimatischen Lebensbedingungen und in Zonen, die mehr den heutigen parallel verlaufen. Was für diese spät erst hervortretende Klarheit die Ursache ist: ob wir noch nicht über ein genügendes Fossilmaterial für die älteren Zeiten verfügen, oder ob, was am wahrscheinlichsten dünkt, vor der oberen Kreidezeit ganz andere astronomische Verhältnisse herrschten, die wir aus unserem heutigen Weltbild eben noch nicht ableiten und darum nicht verstehen können — das zu entscheiden, wird späterer Arbeit erst vorbehalten sein.

So ist es beispielsweise ganz unverständlich, weshalb zu gewissen Zeiten der Erdgeschichte immer wieder die Verteilung der Lebewesen den Eindruck erweckt, daß es auf der ganzen Erde bis an die Pole hinauf durchaus warm gewesen sei. Da die Erde eine Kugel ist, so muß sie, wenn sie immer im selben Bahnverhältnis zu der Sonne stand, die Sonnenstrahlen stets so empfangen haben, daß in den Polarzonen die Strahlen schräge auftrafen, daß dort auch ein kühleres Durchschnittsklima als zwischen den Wendekreisen herrschte. Man könnte nun annehmen, daß früher die Erdachse anders stand, die Pole eine andere Lage zur Erdbahn hatten, daß sich die Erdachse im Lauf der Epochen verschob und so jeweils andere Gebiete Polarzone bzw. Tropen waren. Doch auch diese Annahme hat sich durch Tatsachen niemals bestätigt, weil wir in solchen allgemeinen Wärmeepochen überall auf der Erde nur Andeutungen eines gleichmäßigen Klimas finden und überhaupt keinen Anhaltspunkt für die Existenz kalten Polarklimas. Hatte man doch auch zuerst bei der Eiszeit am Ende des Erdaltertums (S. 138) angenommen, es hätten jene vereisten Südflächen damals wohl den Südpol gebildet. Doch auch diese Annahme ließ sich auf die Dauer nicht aufrechterhalten, weil in unmittelbarer Nähe eine gleichaltrige marine Tierwelt entdeckt wurde, die nicht den Eindruck von Kälteformen macht; ferner aber auch deshalb nicht, weil jedem Pol ein Gegenpol entsprechen muß, man aber den Gegenpol zu jenen südlichen Eisflächen absolut nicht entdecken kann. Die damalige „Eiszeit" war also durchaus einseitig und regional entwickelt. Auch die Folgerungen, die man aus einer etwaigen Aufrichtung der Erdachse zur Erdbahn (augenblicklich beträgt die Neigung etwa 23°) ziehen könnte, haben sich an den erdgeschichtlichen Tatsachen nicht bewährt, so daß es naheliegt, ganz andersartige astronomische Verhältnisse um unseren Planeten herum (Anwesenheit verschieden umlaufender und das Sonnenlicht reflektierender Trabanten usw.) anzunehmen, ohne daß man sich aber bisher ein Bild der speziellen Umstände machen könnte.

Es spricht auch noch ein anderes Problem der Geologie mit herein: die Frage nach den stattgehabten Kontinentalverschiebungen (Pickering-Wegenersche Theorie). Wenn es richtig ist, daß die heutigen Kontinentalflächen nicht von jeher in der gleichen Lage zueinander verharrten; wenn es richtig ist, daß sich Massen, wie etwa Amerika und Australien, über weite Strecken der Kugeloberfläche im Laufe erdgeschichtlicher Zeiten verschieben konnten, so ist natürlich das Vorkommen von Fossilien in irgendeinem Schichtungsgebiet der jetzigen Kontinente auch kein Beweis mehr, daß ursprünglich das Tier- oder Pflanzenleben auf der Erdoberfläche so verteilt war, wie wir es heute fossil finden. Es konstruiert beispielsweise die Erdgeschichtsforschung auf Grund gewisser Schichtengleichheiten in Südafrika, Indien und Südamerika, sowie wegen faunistischer Gleichheiten diesseits und jenseits der Ozeane einen großen kontinentalen Zusammenhang zwischen den genannten Gebieten, indem sie sich vorstellt, daß heutig-ozeanischer Boden niedergebrochen sei, also damals Festland war. Gilt nun die Verschiebungstheorie, so wird der gleiche Zusammenhang zwar gültig bleiben, aber nur in dem Sinn, daß nicht etwa Zwischenland niedergebrochen und jetzt Ozeanboden ist, sondern daß Amerika von Afrika abgetriftet ist, und daß dadurch sich der ehemalige Zusammenhang beider Schollen gelöst habe.

Es ist also hier von entscheidender Gültigkeit die geologische Auffassung, womit man an die biogeographischen Probleme der Vorwelt herantritt. Schichtenkunde, Erdbewegungslehre und Fossilienkunde mitsamt Astronomie sind hier berufen, in engster Gemeinsamkeit diese höchst verwickelten Fragen zu lösen, und man muß diesen Stand der Forschung kennen, wenn man über Tier- und Pflanzengeographie, sei es der Lebenden, sei es der Fossilen, urteilen will. Hier nun sollen einige Beispiele der Verbreitung vorweltlicher Lebewesen gegeben werden unter der Voraussetzung, daß sich weder die Lage der Erdpole noch die der Kontinentalflächen zueinander wesentlich seit dem Beginn des Erdaltertums geändert habe.

Es ist dabei zu unterscheiden zwischen der Verbreitung einzelner bestimmter Gruppen oder charakteristischer Gattungen einerseits und der Charakterisierung von Provinzen und Reichen durch ganze Tier- bzw. Pflanzengemeinschaften andererseits. Natürlich wird der Paläontologe auch hier möglichst Formen herausgreifen, von denen zu erwarten ist, daß sie sich infolge ihres günstigen Erhaltungszustandes jedenfalls überall fossil finden, wo sie einmal gelebt haben. Hierfür sind die schalentragenden Einzelligen, die stets milliardenweise lebten, ferner die stets zahlreichen und gut bestimmbaren Mollusken, Brachiopoden und Krebse am geeignetsten.

So heben sich schon zu kambrischer Zeit einige Faunenprovinzen durch charakteristische Trilobitengeschlechter heraus: eine nordatlantische Provinz, welche das nordische Europa, das östliche Nordamerika mit großen Teilen von Kanada und Nordostasien umfaßt, die damals vom Meere bedeckt waren. In Europa gliedert sich diese Hauptprovinz wieder in eine skandinavisch-britische Zone, welcher eine böhmische und dieser wieder eine südeuropäische gegenübersteht. Gegen sie alle in ihrer Gesamtheit hebt sich ein pazifisches Reich ab, welches Ostasien, Australien und die Nordpolarzone einschließt. Im Erdmittelalter sind es nicht mehr die Trilobiten und Brachiopoden, mit denen man Reiche und Provinzen charakterisiert, sondern vor allem die zahlreichen und weltweit verbreiteten Ammonitengeschlechter unter Hinzunahme von bezeichnenden Muschelarten. So hebt sich zur Trias- und Jurazeit bis in die untere Hälfte der Kreidezeit hinein eine arktisch-boreale Zone von einer südlich-äquatorialen ab, zugleich aber läßt sich die äquatoriale wieder in ein östliches und westliches Faunengebiet der Meere zerlegen. In der Jurazeit tritt, ebenso wie in der Triaszeit, hierbei eine alpine, eine himalayische und eine indisch-äthiopische Zone heraus (Abb. 60). In den einzelnen Abteilungen der genannten Epochen freilich wechselt das Bild. So ist die indische Meereszone nach Diener in der ersten Phase der Triaszeit mit der madagassischen, andinen und kalifornischen durch viele gleiche Molluskengeschlechter verknüpft, während sich gegen Ende derselben Epoche allmählich eine faunistische Gleichheit zwischen dem kalifornischen und alpin-mediterranen Meer herstellt. Zur höheren Jurazeit haben wir Andeutungen, daß einer nördlichen borealen, teilweise bis Südrußland und Mexiko herunterreichenden Zone sich jenseits der mediterran-himalayischen eine südandine-südboreale Zone als Ganzes gegenüberstellt. Natürlich sind solche Zonen- und Provinzenabgrenzungen vielfach etwas Willkürliches, weil die Natur nicht scharfe Grenzen zieht, sondern wie heute, je nach den mehr oder minder ausgreifenden Meeresströmungen, den hindernden Landflächen und den Verbindungswegen manche Formen aus der einen in die andere Faunenzone übergreifen läßt. Es handelt sich da immer nur um gewisse Akzente, um gewisse Hauptverbreitungsgebiete.

Es ist klar, daß man für solche Einteilungen nur gleichartige Meeresräume verwenden kann, wo dieselben Gattungen oder Formtypen unter gleichen Lebensbedingungen existierten. Es ist aber oftmals schwierig zu unterscheiden, was von etwaigen Verschiedenheiten in einem Faunenbild auf Rechnung geographischer Verteilung und was auf Tiefenverhältnisse zu setzen ist. So hat man in der Silurepoche weitgehende Gleichartigkeiten der Meerestierwelten des Flachmeeres, die in sich allerdings regionale Verschiedenheiten (Trilobiten, Brachiopoden) zeigen; zugleich aber existiert eine Gesteinsausbildung (Fazies S. 11), die sich im allgemeinen statt durch Kalke und Grauwacken durch dunkle Schiefer zu erkennen gibt, in denen man seltene hornschalige einfache Brachiopoden und dann vor allem jene merkwürdigen, auf S. 72 besprochenen Graptolithen (Abb. 42, S. 72) findet, die wahrscheinlich Rasen im dunklen Untergrund tieferer

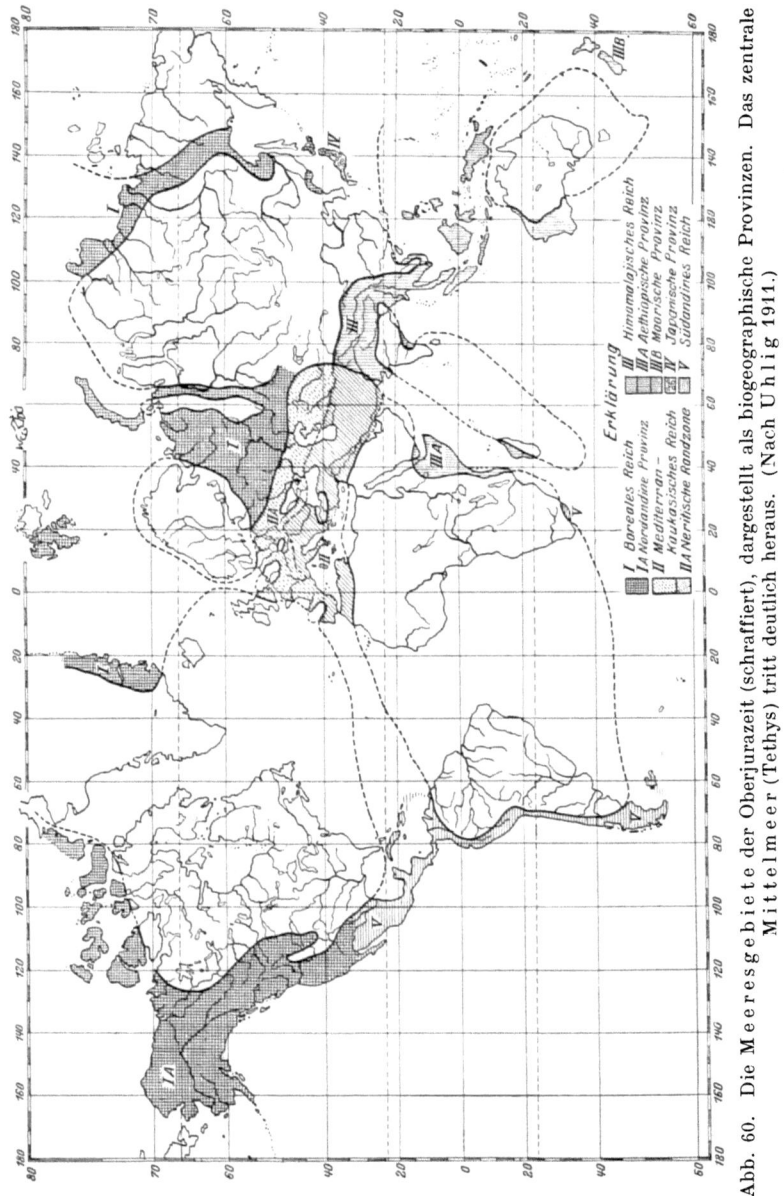

Abb. 60. Die Meeresgebiete der Oberjurazeit (schraffiert), dargestellt als biogeographische Provinzen. Das zentrale Mittelmeer (Tethys) tritt deutlich heraus. (Nach Uhlig 1911.)

Meeresgebiete gebildet haben, teilweise dort auch flottierten und solcherweise nicht eigene Faunenprovinzen des Silurmeeres, sondern eine besondere, überall vertretene Tiefenzone darstellen.

Sehr schön lassen sich, besonders wo es mit ausgesprochenen Klimagegensätzen in Beziehung steht, einzelne Gattungen und Formtypen zur oberen Kreidezeit und in der Tertiärzeit über die Erde hin verfolgen. So geht die auffallend gebaute

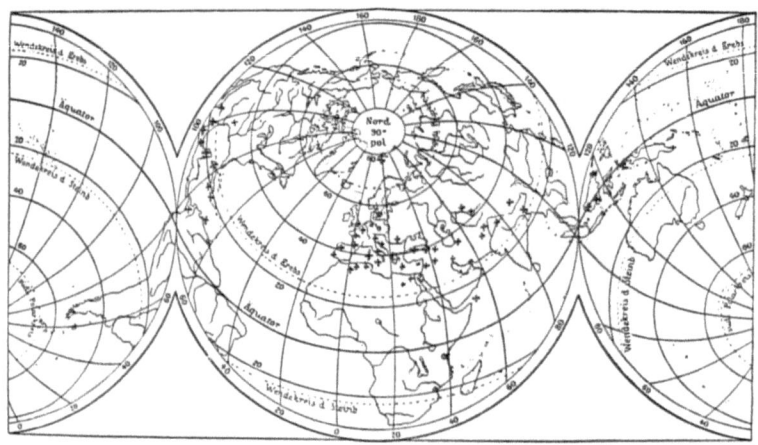

Abb. 61. Heutige Erdkarte mit der Verbreitung der Rudistenmuscheln zur Kreidezeit. + Üppige Entfaltung, 0 meist Kümmerformen. (Aus Dacqué 1915.)

Molluskengruppe der Rudisten — dicke derbschalige, festgewachsene Muscheln — in der letzten Hälfte der Kreidezeit in einem dem Äquator parallelen und ihn im Indischen Archipel schneidenden Gürtel um die ganze Erde herum (Abb. 61). Es ist damit ein südlich-äquatoriales Gebiet des Meereslebens charakterisiert, in dem auch eine ebenso auffallende dickschalige Schneckengattung (Actaeonella) und gewisse Ammoniten (Abb. 62) kennzeichnend sind.

Wie schon erwähnt (S. 116), deutet die starke Entwicklung kalkschaliger Meeresmollusken stets auf warmes Wasser, also auf tropisches Klima. Wenn wir daher zur älteren Tertiärzeit die bis markstück- und talergroß werdenden riesigen Einzeller der Gattung Nummulites (Abb. 63) in eben diesem Gürtel

Abb. 62. Rudistenmuschel (a), Ammonit (b) und dickschalige Schnecke (c) als charakteristische Bewohner des warmen Mittelmeeres (Tethys) zur Kreidezeit, dem Rudistengürtel auf Karte Abb. 61 folgend. Alles verkl. (Originale.)

rings um die Erde herum wesentlich verbreitet finden und zugleich sehen, daß sie in Ostafrika in einem Streifen weit nach Süden herunterreichen, so werden wir hieraus nicht nur auf die gleichen Verhältnisse schließen, sondern auch annehmen dürfen, daß ein warmer Meeresstrom an der bezeichneten Stelle südwärts ging. Dies ist zugleich auch eines der Mittel, aus Fossilvorkommen auf etwaige vorweltliche *Meeresströmungen* zu schließen.

Abb. 63. Nummuliten, pfennig- bis markstückgroße Kalkgehäuse einzelliger Meerestiere der Alttertiärzeit. (Originale.)

Die geographische Verteilung der Meerestiere früherer

Epochen steht natürlich im engsten Zusammenhang mit der Verteilung der Meere und Länder selbst; ohne paläogeographische Studien ist daher ein Verständnis für die vorweltliche Tiergeographie überhaupt nicht zu gewinnen. So sei darauf hingewiesen, daß lange Epochen hindurch, bis in die Tertiärzeit ein Hauptmittelmeer bestand, das sich etwas nördlich vom Äquator und nur in Indien und Niederländisch-Indien ihn überquerend sich nach Neuseeland hinunter ausdehnte (Abb. 60) und einen ostwestlichen Austausch der Meerestierwelten weitgehend ermöglichte, was dann später durch das Heraustreten der alpinen Hochgebirgszüge von Europa und Asien sowie der Verlandung Mittelamerikas unterbrochen wurde. Zugleich ist jenes Urmittelmeer, dem die Geologie den Namen „Tethys" gegeben hat, auch ein Aufbewahrungs- und Zufluchtsbecken gewesen, wenn außerhalb desselben im Norden und Süden immerfort die Flachmeere wieder verlandeten und sich verlegten. Wenn sie dann wieder regenerierten, wanderten aus der Tethys auch manche Formen wieder ein. So kommen zur Jurazeit eine Anzahl Ammonitenarten stoßweise und in verschiedenen Zeitphasen in das mitteleuropäische Flachmeer herein. Das Tethysmeer blieb ziemlich konstant und verschwand erst, als aus seinem Schoß die darin aufgehäuften ungeheueren Sedimentmassen emportauchten, welche heute die europäisch-asiatischen Hochgebirge zusammensetzen. Als dies in der zweiten Hälfte der Tertiärzeit begann, fingen eine Anzahl Tiertypen des Meeres an, überhaupt zu verschwinden.

Es gibt in der Erdgeschichte, soweit man es bis jetzt beurteilen kann, zwei Höhepunkte günstigster *Klimaverteilung*. Der eine ist die Silur-Devon-Karbonzeit, der andere die Trias-Jurazeit. Beide Male macht die Verteilung und Art des Lebens auf der ganzen Erde den Eindruck, als ob es überall durchaus mild, wenn nicht sehr warm gewesen sei. Zu beiden Hauptepochen treffen wir einen sehr einheitlichen Faunen- und Florencharakter in allen Gebieten der Erde, selbst in den Polarregionen, soweit sie untersucht sind, und von Klimazonen kann man kaum reden. Zwar gab es damals, wie gezeigt, tiergeographische Provinzen und Reiche, die sich voneinander mehr oder weniger unterscheiden; aber nirgends sind diese so geartet, daß man auf starke Klimagegensätze schließen dürfte.

Umgekehrt kennen wir drei Haupthöhepunkte für schlechtes und zonar abgesetztes, gegensätzliches Klima. Es ist die algonkisch-kambrische Epoche, die Dyas- oder Permepoche und die mit dem Ende der Tertiärzeit sich anmeldende Quartärepoche. Da sind jedesmal irgendwo auf der Erde große Vereisungen nachzuweisen und auch ein Gegensatz in den Klimaverhältnissen der einzelnen Erdräume; demgemäß auch Gegensätze oder wenigstens zonar deutlichere Anordnungen der Tierwelten, sei es des Meeres, sei es des Landes. Im ganzen aber macht es den Eindruck, als ob das Klima auf der Erde, abgesehen von den verschiedenen Auf- und Abstiegen, doch schlechter geworden wäre, und als ob wir seit Beginn der Quartärzeit in einem ausnehmend ungünstigen Klimazustand lebten.

Mit dieser Tatsache im Zusammenhang steht wohl die andere, daß sich die Tiertypen großenteils immer mehr nach Süden in die jetzt tropischen Regionen zurückgezogen haben. Es ist diese Erscheinung als *Polflucht* bezeichnet worden. Eine Menge Beispiele gibt es hierfür. So sind im Erdaltertum die Korallenriffe bis in die Polarzone gegangen; im Erdmittelalter zuerst noch bis Nordsibirien, dann nur noch bis Mitteleuropa. In der Tertiärzeit sind sie noch am Nordalpenrand und im Südalpengebiet, und mit der Quartärzeit sind sie auf die tropische Zone beschränkt. Wenn heute etwa die Bermudas Koralleninseln sind, so hängt dies mit dem von Süden heraufreichenden besonders warmen Meeresstrom unmittelbar zusammen. Andere Beispiele bieten die tropischen Konchylien, die zur Alttertiärzeit noch im Paris-Londoner Meeresgebiet lebten, dann sich über das Wiener Becken nach Süden zurückzogen, um heute gleichfalls in den warmen Meeren zu leben. Der uralte Nautilustypus (S. 155, Abb. 86) war ursprünglich im Erdaltertum weltweit verbreitet; im Erdmittelalter wesentlich nur noch europäisch, in der Tertiärzeit fast nur noch in dem Tethysmeer, und mit dessen Verschwinden nur im Indischen und südlichen Pazifischen Ozean übriggeblieben. Die alten Lungenfische des devonzeitlichen Oldred-Landes (S. 108) lebten damals weltweit verbreitet und gingen auf der Nordhemisphäre bis in die Polarzone; im Erdmittelalter nur noch in Europa und Nordamerika, nicht in Asien; in der Kreidezeit wahrscheinlich nur noch gegen den Äquator zu, sicher in Nordafrika; und heute haben sie sich in die tropische Region der Südkontinente zurückgezogen. Es mögen da außer den klimatischen Veränderungen auch die Bedrängungen durch jüngere, besser organisierte Tierformen mitsprechen; das Ursachengewebe ist noch undurchsichtig, aber um so interessanter, als wir auch für den Menschen dasselbe finden: die primitivsten und also vermutlich ältesten Menschen- und Kulturformen haben sich in die Tropen und in die Südteile der Kontinente (Australien, Südafrika, Südamerika) zurückgezogen, nachdem sie in der Diluvialzeit anscheinend weltweit und bis in die nördliche Eiszone hinein verbreitet waren. Was die Polflucht als Gesamterscheinung betrifft, so könnte man sie mit Eckardt dahin formulieren: je geologisch älter ein Typus ist, desto ausschließlicher gehört er gegenwärtig den Tropen an. Daß es in erster Linie die immer schärfer sich absetzende zonare Entwicklung des Klimas war, die solche Formen nach und nach äquatorwärts trieb, während an ihre Stelle entweder neue, von Anfang an auf kühleres Klima und schärfer wechselnde Jahreszeiten eingestellte Gattungen traten, gilt auch für die Pflanzen. Das Aussterben bzw. Auswandern wärmeliebender Pflanzen, sagt Eckardt, aus polnahen Gegenden und ihre jetzige zonenförmige Verteilung zeigt eben, wie bei der entsprechenden Erscheinung im Tierreich, nichts anderes, als daß sie wärmeempfindlich waren und durch das zunehmende Kälterwerden des Klimas aus höheren Breiten in niedere vertrieben wurden.

Wenn eine Gruppe allmählich erlischt, so kann man verfolgen, wie sich ihre Vertreter auf immer engeren Raum zurückziehen. Der Nautilus (Abb. 38, S. 69) als letzter Rest einer ehedem weltweit verbreiteten Gruppe ist schon als Beispiel erwähnt worden. Ähnliches ist auch der Fall mit den im Erdmittelalter in allen Schichten überreich auftretenden Ammonitengruppen, die am Ende der Kreidezeit aussterben und dabei in immer geringerer Artenzahl und an immer weniger Stellen erschienen sind, bis man sie überhaupt nicht mehr findet. So auch gewisse Molluskoideen (Terebratula, Rhynchonella) des Erdmittelalters, die heute nur auf wenige Flächen in den tieferen Meereszonen beschränkt sind.

Ein vielerörtertes Problem ist die *Besiedelung der Tiefsee*. Dort in Tausenden von Metern Tiefe, unter großem Wasserdruck und in absoluter Nacht hausen Tierformen, deren nächste Verwandte uns während des Erdmittelalters noch in den lichtdurchflossenen Flachmeeren begegnen. So gewisse Seelilien, Seeigel, Schwämme und Krebse. Sie sind mit dem Ende des Erdmittelalters — einem geologisch und faunistisch überhaupt noch sehr rätselhaften und ungeklärten Zeitabschnitt — wie verschwunden, und von vielen solcher Formen würden wir annehmen, daß sie damals ausgestorben seien, wenn sie nicht durch die Untersuchung der Tiefsee nunmehr wieder zum Vorschein gekommen wären. Es ist durchaus nicht unwahrscheinlich, daß sich überhaupt erst mit dem Ende des Erdmittelalters die Tiefsee im heutigen Sinn herausgebildet hat, daß damals durch irgendwelche, heute noch ganz ungeklärten Umstände die Wasserhaut der Erde wesentlich vermehrt wurde, und daß in diese neuen Meeresräume und Meerestiefen die erdmittelalterliche Tierwelt teilweise eingewandert ist, wo sie heute als Relikt noch existiert. Erst dann folgten die höheren Tierformen, die Fische nach. Denn wie A b e l nachgewiesen hat, bestehen die jetzigen Tiefseefischsippen nicht aus erdmittelalterlichen, sondern aus tertiärzeitlichen Formen.

Ein schönes Beispiel für die Verkettung der Lebensweise, der geographischen Verbreitung, der Art des Lebensraumes einer früheren Tierform und die Bestätigung der daraus gezogenen Schlüsse durch die Schichtbildung, worin sie fossil liegt, gibt B r o i l i für ein kleines Reptil der Jurazeit, einen Verwandten der heutigen neuseeländischen Brückenechse an. Die Form war nach ihrer Organisation ein Festlandsbewohner, besuchte aber auch bei der Jagd auf Fische das Flachwasser des Meeres, wie ihre heutige Verwandtform es auch tut (Abb. 64). Man kann das u. a. dadurch nachweisen, daß in fossilen größeren Fischen derselben Zeit und desselben Vorkommens Reste gefressener Brückenechsen sich finden, die von ihnen demnach im Meer selbst geschnappt worden sein müssen. Es ist nun in der Jurazeit im östlichen Franken eine Meeresschichtung entwickelt, die sich gegen den damals als Landrücken herausragenden Bayrischen Wald hinzieht, die Lithographenkalke, in denen wir (vgl. Kapitel I, 2) eine Mischung von Meeres- und Landtieren finden. Es ist nun bezeichnend, daß die Brückenechsenskelette in diesen Ablagerungen größtenteils im Osten, d. h. in der Nähe des Bayrischen Waldrandes gefunden wurden; zudem sind die Kalke, in denen sie auftreten, besonders unrein, d. h. sie deuten wegen des gröberen Korns auf die Landnähe hin. Die Brückenechsen kommen nun in ganz ähnlichen, wenn auch etwas älteren Schichten bei Cerin im französischen Departement Aude vor, wo damals das Zentralplateau als Festlandskern aus dem Wasser ragte. So haben wir hier einen deutlichen Zusammenhang zwischen dem Lebewesen, dessen Lebensweise, seinem ehemaligen Lebensort und der Schichtbildung, in der es auftritt.

Abb. 64. Kleine B r ü c k e n e c h s e aus den Lithographenkalken der Jurazeit. Links vom Skelett der Abdruck des Körpers, der nachher im Kalkschlamm in seine jetzige Lage herübergedreht wurde. Verkl. (Original.)

Von überwältigendster Wirkung ist es, wenn wir die Gestalt und Formung eines ehemaligen vorweltlichen Lebensraumes womöglich noch unmittelbar am Felsgestein sehen können, fast so, als ob wir zur damaligen Zeit noch davor stünden. So beobachtet man an den fränkischen Korallenkalken aus dem Meer der Jurazeit stellenweise noch die Übergußschichtung, wie sie an den jetzigen Korallenblöcken und -inseln, die aus der Tiefe des Wassers heraufwachsen, zu sehen sind. Solche Übergußschichten kommen dadurch zustande, daß die Brandung das Riff zerstört und den Muschelkalk und Schalensand deltaartig am Abhang des Riffes unter Wasser anlagert, so etwa, wie man Bretter schräge an ein

Abb. 65. Aufgebrochener Kalkstein von der Adriatischen Küste, durchlöchert von jetztzeitlichen Bohrmuscheln, die teilweise noch in den Höhlungen stecken. Verkl. (Original.)

Zelt stellt. Das ganze Riff ist dann von solchen Übergußschichten umhüllt, und solche treten auch an den alten Jurariffen stellenweise hervor.

Etwas Ähnliches stellt eine Strandklippe des Tertiärmeeres in Süddeutschland vor, wo in der Gegend von Ulm Jurakalkfelsen von Bohrmuschellöchern zerfressen sind (Abb. 66). Auch in den heutigen Meeren, an felsigen Küsten hausen diese Muscheltiere und bohren, dicht eines am anderen, zahllose Löcher in das harte Kalkgestein (Abb. 65). Wir sehen also in den Felsen, heute mitten in meeresfernen Feldern der

Schwäbischen Alb gelegen, unmittelbar vor uns die bohrmuschelreiche Klippe am Rande des Tertiärmeeres.

Abb. 66. Von Bohrmuscheln durchlöcherte K l i p p e am Rande des Tertiärmeeres. Gegend von Ulm. (Orig.-Phot. von Dr. J. S c h r ö d e r.)

5. Epochen der Lebensentfaltung.

Der erste volle Akkord der Lebensentfaltung[1] setzt für unser bisheriges Wissen erst mit der kambrischen Periode ein. Zwar finden sich auch schon in den darunterliegenden Formationen des Algonkiums und Archaikums Reste organischer Herkunft; doch diese sind so schwierig zu deuten, so unbestimmt und nichtssagend, daß es bisher nicht gelang, sie auf irgendwelche uns verständliche Gruppen des Tier- oder Pflanzenreiches zu beziehen. Kohlenführende Schichten etwa zei-

---

[1] Es muß hier vorausgesetzt werden, daß der Leser mit der zoologischen und botanischen Systematik einigermaßen vertraut ist und wenigstens die Haupttypen und Klassen des Lebensreiches in ihren charakteristischen Formen kennt. Zu deren Formstudium diene im übrigen das am Schluß des Bändchens zitierte Lehrbuch der Paläontologie von Zittel.

gen uns an, daß wohl pflanzliche Wesen in großer Menge gelebt haben müssen; auch Kalkablagerungen ist man im allgemeinen geneigt, auf die ausscheidende Tätigkeit niederer Organismen, seien es Pflanzen oder Tiere, zurückzuführen. Aber das alles bleibt zu unbestimmt, um irgendeinen sicheren Anhaltspunkt für die Art des Lebens in jenen vorkambrischen (archäischen) Schichtsystemen zu liefern.

Erst gegen Ende der dem kambrischen Zeitalter näherliegenden algonkischen Epoche findet sich in einer schieferigen Ablagerung Nordamerikas (Montana) eine Ansammlung von Organismenresten, die nun eher als solche erkenn-

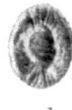

Abb. 67. Vorkambrische älteste Lebensspuren aus der algonkischen Beltformation in Nordamerika. *a* K r e b s r e s t; *b* unbekannt; *c* S c h n e k k e n s c h ä l c h e n? Etwas verkl. (Aus W a l c o t t 1899.)

Abb. 68. R a d i o l a r i e n, mikroskopische Kieselschälchen von einzelligen Tieren aus präkambrischen Schiefern der Bretagne. Vergrößert. (Aus C a y e u x 1894.)

bar und teilweise auch deutbar sind (Abb. 67). Da es vermutlich Süßwasserablagerungen sind, aus denen sie stammen, so könnten wir danach annehmen, daß das älteste Leben sich auf dem Lande, im Süßwasser vielleicht entwickelt habe? Doch das wäre ein allzu voreiliger Schluß. Nach allem, was wir uns theoretisch über die frühere, vorkambrische Entwicklung des Lebens zurechtlegen können und worauf auch die fossile Tierwelt der kambrischen Zeit selbst hinweist, ist es sehr wahrscheinlich, daß das Meer der Entstehungsort wenigstens der niederen Tierwelt war, und daß diese erst später auch das Süßwasser und von da aus das trockene Land erobert hat. Es wird also viel eher zu denken sein, daß die erwähnten algonkischen Ablagerungen uns zufällig eine sehr alte Süßwassertierwelt in die Hand gespielt haben, daß aber zuvor und daneben eine vollentfaltete niedere Meerestierwelt lebte, auf die wir vielleicht durch glückliche Funde noch stoßen werden. Darauf deutet auch der Fund von präkambrischen Radiolarien (Einzeller mit Kieselskeletten) in Schiefern der Bretagne (Abb. 68).

Weshalb das deutlich erkennbare Leben so plötzlich mit dem Beginn der kambrischen Zeit einsetzt, ist Gegenstand vielfacher Überlegung gewesen. Die frühere Annahme, daß hier überhaupt das älteste Leben erscheine, ist hinfällig, seit man von Lebensspuren älterer Epochen Kenntnis bekam. Auch läßt sich als allgemeiner Grund dafür, daß der frühkambrischen Tierwelt eine noch ältere vorausgegangen sein muß, vom entwicklungsgeschichtlichen Standpunkt aus wohl geltend machen, daß eine so differenzierte und aus vielen Typen bestehende Tierwelt, wie die kambrische, nicht als erstes Leben der Erde wird angesprochen werden dürfen, daß ihm also ein älteres vorausgegangen sein muß. Aber auch der, welcher nicht im starren Sinn deszendenztheoretisch denkt, wird bei sachlicher Prüfung der rein geologischen Tatsachen nicht verkennen dürfen, daß die uns bisher bekanntgewordenen vorkambrischen (algonkischen) Schichten gar nicht den Charakter von sicheren Meeresablagerungen haben. Es scheint nämlich, daß alle die Schiefer und Sandsteine, welche die bisher bekanntgewordenen Aufschlüsse der algonkischen Formation uns bieten, überhaupt Festlands- und Süßwasserablagerungen sind. Erst die unterkambrische Formation bietet sichere Meeressedimente dar. Und so wäre es verständlich, daß in ihnen eben scheinbar plötzlich eine niedere Meerestierwelt auftaucht, von deren Vorläufern wir nur deshalb nichts sehen, weil die algonkischen Meeresschichten selbst uns bisher noch verhüllt geblieben sind. Eine andere Möglichkeit besteht darin, daß die vorkambrischen Vertreter der niederen Tiere weichhäutig und skelett- oder schalenlos gewesen sind, mithin so lange nicht fossil erhalten bleiben konnten, bis sie ein festes oder wenigstens horniges Skelett entwickelt hatten. Als dies der Fall war, blieben sie in den Schichten fossil erhalten, und wenn dies mit dem Beginn des kambrischen Zeitalters soweit gekommen war, müssen uns jetzt notwendig eben diese Formen als die ersten und frühesten deutlichen Formentypen entgegentreten.

Tatsächlich zeigt auch eine Analyse der *kambrischen Tierwelt*, daß sie wesentlich noch hornschalig war. Gerade die häufigsten und charakteristischsten Vertreter sind horngepanzerte Formen. So vor allem die Trilobitenkrebse (Abb. 69); dann auch die Brachiopoden (Abb. 83a), während die eigentlichen Kalkschaler noch außerordentlich zurücktreten und sich auf kleine Muschelkrebschen und Schneckenschälchen (Abb. 70) hauptsächlich beschränken.

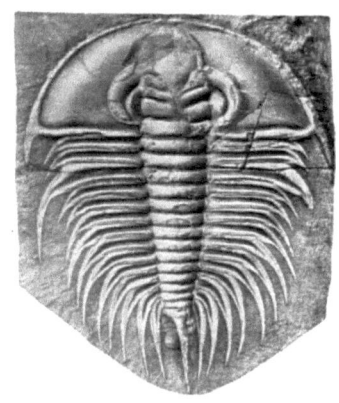

Abb. 69. Ältestes, sicher deutbares Meerestier, Trilobitenkrebs (Nevadia) aus unterkambrischen Schichten in Nordamerika. Verkl. (Aus Walcott 1910.)

Die nächste Epoche besonderer Lebensentfaltung bringt erst die *Silurzeit*. Hier nehmen die kalkschaligen Tiere außerordentlich zu. Das ganze Heer der ältesten Nautiliden (Abb. 86a—c, S. 155), Muscheln, Schnecken, Seelilien erscheint nunmehr fossil in günstigstem Erhaltungszustand. Trilobitenkrebse und Brachiopoden, schon in der kambrischen Epoche die zahlreichsten Formen, entfalten sich gleichzeitig in größter Üppigkeit. Riffbildende Korallen und korallenartige Wesen bevölkern die Meere.

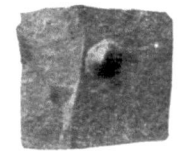

Abb. 70. Kleine mützenförmige Schneckenschale aus dem kambrischen Meer. Nordamerika. $1^1/_1$. (Aus Walcott 1914.)

Es scheint dies alles mit einer besonders günstigen Klimagestaltung zusammenzuhängen. Wir haben Anhaltspunkte, daß die kambrische Zeit nicht eben warm war. Noch bei Beginn derselben war eine größere Eisbedeckung, insbesondere in Gebieten des heutigen Ostasien, zu bemerken, und auch die der kambrischen Epoche voraufgehende algonkische

Zeit hat uns in ihren Formationen einige Anhaltspunkte überliefert, wonach wir auf ein niederschlagsreiches, wahrscheinlich stellenweise ebenfalls glaziales Klima schließen müssen. Schon oben (S. 116) wurde erwähnt, daß die üppige Kalkschalerentwicklung im Meer ein Zeichen warmen, ja tropischen Klimas ist. In der Silurzeit nun scheint ein solches über die ganze Erde hin eingesetzt zu haben. Und so wäre die Hornschaligkeit der kambrischen Meerestiere und die Zunahme der üppigen Kalkschaler in der Silurepoche zugleich ein Beleg für diese entscheidende Klimaänderung.

In der folgenden *Devonzeit* bleibt die niedere Tierwelt des Meeres im wesentlichen der silurischen gleich; nur Wandlungen derselben Typen vollziehen sich da, ohne grundlegend Neues heraufzubringen. Dagegen setzten nun die höheren Tiere, die Wirbeltiere ein. Schon in der Silurzeit finden sich Spuren von solchen, nämlich Fische. In der Devonzeit ist eine starke Zunahme der Gattungen dieser Tiergruppe zu erkennen; die schon früher erwähnten Panzerfische (Abb. 58, S. 107) und ähnliche Formen sind für die Epoche charakteristisch. Aber vor allem bemerkenswert sind die ersten blättertragenden Pflanzen von krautartigem Charakter (Abb. 71), wozu während der Devonperiode noch farnartige Gewächse hinzukommen.

Abb. 71. Eine der ältesten strauchartigen Pflanzen. Devonformation. Westdeutschland. Verkl. (Rekonstruktionsbild von Kräusel u. Weyland 1926.)

Die so in wenigen Typen vorbereitete Pflanzenwelt wird nun während der folgenden Karbon- oder *Steinkohlenzeit* ungemein üppig. Die Steinkohlenzeit hat ihren Namen von der Aufspeicherung ungeheurer Mengen Pflanzenstoffe, die damals in Niederungen des Landes und an der Meeresküste in wasserreichen Flächen urwaldmäßig und unter günstigen Wärmeverhältnissen überall auf der Erde in einer breiten Zone nördlich und südlich des Äquators gediehen. Bedecktsamige (kryptogame) Pflanzen bildeten vornehmlich und in zum Teil für unsere heutigen Begriffe höchst fremdartigen Typen diese „Steinkohlenwälder" (Abb. 82, S. 149); wenige

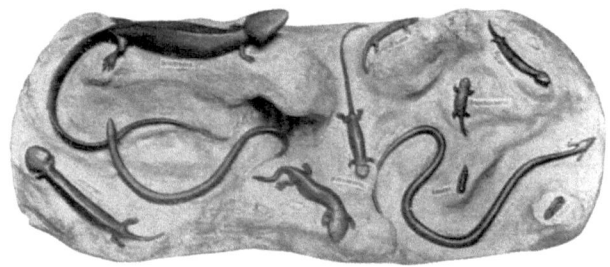

Abb. 72. Gruppe von kleinen Salamander- und Blindschleichenähnlichen Amphibien aus der Dyasformation Böhmens. (Nach einem Modell von Prof. Frič im Münchener Museum.)

Gymnospermen (nach Art der Zykadeen und Koniferen) waren dabei. Wahrscheinlich haben damals die Pflanzen überhaupt nur im Wasser selbst gedeihen können; das eigentliche trockene Land hatten sie noch nicht erobert. Vögel gab es noch nicht in diesen Wäldern; nur Insekten, von teilweise riesigem Ausmaß, während im Meer noch wesentlich dieselben Typen der niederen Tiere existierten, wenn auch weniger mannigfaltig als in der Devonzeit. Es waren in der Devonzeit schon die Ammonoideen (Abb. 39a) hinzugekommen und bildeten von da ab, wie auch in den Meeren der Steinkohlenzeit ein bezeichnendes Element. Fische nahmen im Meer reichlich zu, und in den Steinkohlensümpfen gediehen die Amphibien in meist kleineren Formen

(Abb. 72). Auch Andeutungen ältester Reptilien bringen die Schichten der Steinkohlenzeit.

Was die niedere Tierwelt des Meeres betrifft, so klingt diese in der nun kommenden *Dyas-* oder *Permzeit* aus. Hier verschwinden allmächlich die Trilobiten und die geknicktkammerigen Ammonoideen. Aus der Dyaszeit sind uns hauptsächlich Landablagerungen erhalten, und demgemäß besteht unsere Kenntnis der damaligen Tierwelt wesentlich auch aus Landtieren. Die Amphibien (Stegokephalen) spielen hier die

Abb. 73. Ältestes Nadelholz (Walchia) Europas. Dyaszeit. Frankreich. Verkl. (Original.)

größte Rolle. Auf einem großen Südkontinent, der das heutige Südamerika, Südafrika, Indien und Australien umfaßte, lebte diese höhere Tierwelt, in welcher das große Amphibium neben dem Reptil (Abb. 35, S. 58) herrschte. Ein damals erkennbarer Klimawechsel, der dem allüberall warmen Klima der vorausgegangenen Steinkohlenzeit ein Ende gemacht hatte und auf dem großen Südkontinent eine ausgiebige Gletscherbedeckung mit sich brachte, läßt uns auch das Aufkommen einer neuen, die alten Steinkohlentypen allmählich verdrängenden Flora erkennen. Es erscheinen die ersten eigentlichen Nadelhölzer (Abb. 73), wenn auch noch nicht die vom höheren Typus der tannenartigen. Damals begann die Pflanzenwelt das trockene Land zu erobern, und die Vorläufer und Bahnbrecher hierzu scheinen eben jene ältesten Nadelhölzer gewesen zu sein.

Gehen wir nun hinüber in das Erdmittelalter, zunächst in die *Triaszeit,* so setzen sich dort große Wüstenbildungen, die schon zur Dyaszeit auf der Nordhalbkugel sich bemerkbar gemacht hatten, fort, und in diesen dürren Gebieten sammelten sich, ähnlich wie in der Oldredwelt der Devonzeit (S. 107) gewisse Tiergruppen. Es sind große Amphibien (Abb. 74), deren Vorläufer wir in der Permzeit schon sahen, während auch merkwürdige Reptilien mit halb aufrechtem

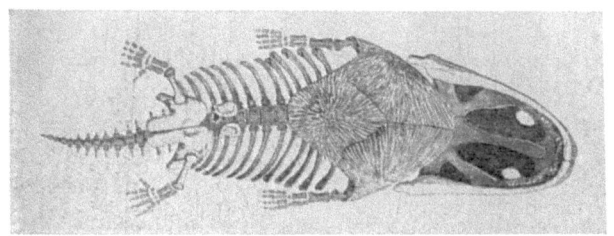

Abb. 74. Skelett eines R i e s e n a m p h i b i u m s (Metopias) mit Kehlbrustplatte aus dem Keuper von Württemberg. (Nach O. F r a a s 1910.)

Gang in der Triaszeit das Lebensbild auf den Ländern zu bereichern beginnen, die nun im Laufe des Erdmittelalters schließlich zu den riesigen Dinosauriern führen, welche so überaus bezeichnend für diese Epoche der Basilisken und Lindwürmer sind (Abb. 46, S. 94). Im Meer sind die früheren Trilobiten und andere für das Erdaltertum bezeichnende Krebsformen verschwunden. Statt dessen kommen die moderneren Krebstypen (Dekapoden) und die Ammoniten mit verästelten Kammerscheidewänden (S. 70). Die Flora auf dem Lande besteht teilweise noch aus den alten Schachtelhalmen und Farnen des Erdaltertums, jedoch unter starker Verdrängung durch die nadelholzartigen Gewächse der Cycadeen (Ginkgo) und anderer Gymnospermen, wie auch der Zypressen. In den Meeren nehmen die schmelzschuppigen Fische (Abb. 75) zu, die nun in der Jurazeit durch die Knochenfische bereichert werden, bei denen das ganze Skelett verknöchert wird.

Die *Jurazeit* bleibt in bezug auf den Pflanzenwuchs unter Hinzukommen mannigfaltigerer Gattungen etwa auf demselben Stand wie zur Triaszeit stehen. Aber unter den höheren Tieren des Landes sind nun die alten Amphibien und die aus

Abb. 75. Ganoidfisch mit dicken Schmelzschuppen, charakteristisch für das Erdmittelalter. Jura. Solnhofen. Ca. $1/10$ nat. Gr. (Original.)

dem Erdaltertum gekommenen früheren Reptiltypen erloschen. Statt dessen setzt nun eine umfassende Herrschaft anderer Reptilgruppen, vor allem der Saurier ein, die in teilweise riesenhaften Formen, meist mit langen Hinterbeinen halb aufrecht gehend, die Länder bevölkern. Auch in die Luft dringen sie vor, in Gestalt der Flugechsen (Abb. 76). Mit ihnen erscheint der erste, höchst reptilhaft noch aussehende Vogel. Und im Meere erscheinen, auch in der Triaszeit schon vorbereitet, die Fischechsen und ihre verschiedenen Paralleltypen (vgl. S. 104 ff.). Es herrschen die Ammonshörner als die charakteristischsten niederen Tiere des Meeres. Korallenriffe sind weitverbreitet. Unter den Mollusken und Verwandten sind die Muscheln und Schnecken wesentlich den heutigen angenähert. Das Klima ist in der Trias- und Juraperiode, ähnlich wie zur Silur- und dann zur Steinkohlenzeit, überall warm und bis an die Pole ausgeglichen.

Die nun als Schlußepoche des Erdmittelalters kommende *Kreidezeit* bringt gerade hierin wieder einen Wandel. Es bilden sich ersichtlich Klimazonen, den heutigen ungefähr parallel verlaufend, wenn auch nicht von so schroff gegensätzlicher Betonung heraus. Im Meer herrscht noch die Fülle der Ammonshörner und verwandter Kephalopoden, wie auch schon in der Jurazeit; die Knochenfische haben zugenommen. Die Schmelzschupper sind sehr reduziert. Von den Meeresechsen sind noch charakteristische Formen (Mosasaurier, Seeschlangen Abb. 77) entwickelt. Auf dem Lande haben die großen Reptilien ihren Höhepunkt erreicht und

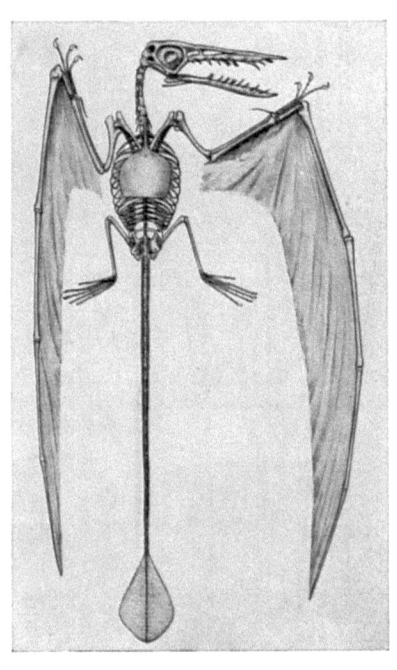

Abb. 76. Rekonstruktion der **Flugechse** Rhamphorhynchus der oberen Jurazeit. Vergl. Abb. 14, S. 19. Stark verkl. (Nach **Stromer v. Reichenbach** 1912.)

sind im Aussterben. Es kommen die Typen der tertiärzeitlichen Echsen auf, von denen Krokodilier u. a. heute noch Reste sind. Bemerkenswert ist das Erscheinen des ersten plazentalen Säugetieres von nagerartigem Charakter, während niederstehende Säugetiere von Beuteltierart schon seit der Triaszeit in wenigen Spuren bekannt sind. Aber alle diese spielten während des ganzen Erdmittelalters gegenüber den alles beherrschenden Reptilien keine wichtige Rolle. Eine neue Epoche der Pflanzenbildung setzt in der Kreidezeit ein: es

Abb. 77. Seeschlange (Elasmosaurus) aus der oberen Kreidezeit von Kansas. Rekonstruktion des Lebensbildes. (Nach Knight und Osborn aus Abel 1927.)

Abb. 78. Blatt von einer der ältesten bedecktsamigen Laubhölzer, den Ulmen verwandt. Kreidezeit. Nordamerika. Natürl. Länge ca. 18 cm. (Original.)

kommen die bedecktsamigen Pflanzen (Angiospermen) und damit alles das, was wir heute als unsere Laubhölzer haben (Abb. 78); auch die höchsten Nadelholzgewächse (Tannen usw.) erscheinen in der Kreidezeit. Und nun kommt ein großes Sterben". Das Ende der Kreidezeit, die Grenzepoche von Erdmittelalter zu Erdneuzeit (Tertiärzeit) ist einer der merkwürdigsten und rätselhaftesten Abschnitte in der Entwicklungsgeschichte des Lebens. Viele Tiere des Landes und Meeres sterben aus; andere ziehen sich aus den Flachmeeren in die Tiefsee zurück (S. 129).

Und nun setzt mit dem Beginn

der *Tertiärzeit* eine ganz neue Epoche der Entwicklung der Tierwelt — nicht der Pflanzenwelt — ein. Es treten mit einem Male die plazentalen Säugetiere auf den Plan, und zwar sofort in vielen Stämmen, ähnlich wie mit dem Beginn des kambrischen Zeitalters überhaupt das Leben uns plötzlich entgegentrat. Es ist etwas ganz Analoges, was wir da an Entwicklung erleben, zumal auch die echten Vögel nun voll-

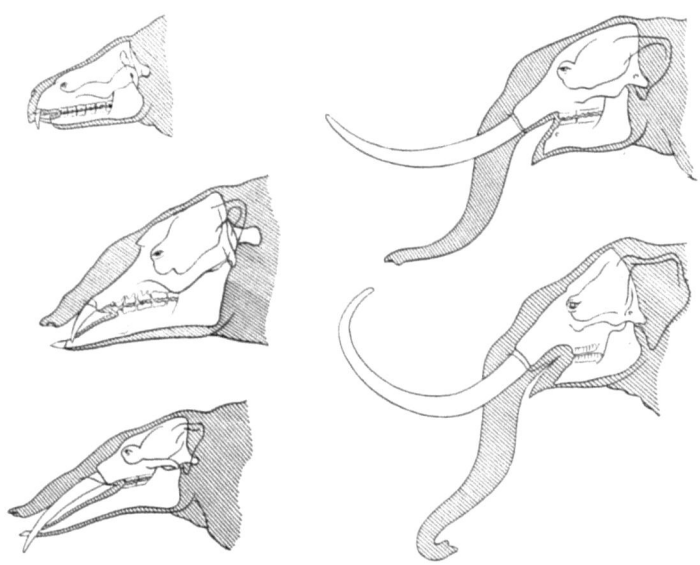

Abb. 79. Schematische Darstellung der Entwicklung des Elefantidentypus von kleinwüchsigen Formen der frühen Tertiärzeit bis zum Elefanten der Quartärzeit mit reduziertem Gebiß und extrem entwickeltem Stoßzahn. (Aus Lull 1908.)

entwickelt erscheinen, die während der Kreidezeit nur in einigen abseits stehenden Typen bekannt geworden waren. Die Reptilien treten außerordentlich zurück. Im Meer sind die Ammonshörner verschwunden; es ist im wesentlichen die heutige niedere Tierwelt da, auch was die relative Zusammensetzung nach Typen betrifft. Was im Erdaltertum durch Reptilgestalten vertreten war, die höheren Landtiere, die Wasserwirbeltiere, soweit es nicht Fische selbst waren, das wird nun in der Tertiärepoche alles von Säugetieren unter unglaublicher Formenmannigfaltigkeit und raschestem Formenwechsel gestellt. Ganze Entwicklungsreihen von Gruppen, die teils längst wieder ausgestorben sind (Abb. 79), teilweise heute in ihren spezialisierten Endformen leben, begegnen uns da von Stufe zu Stufe, immer wieder verändert (Elephantiden, Pferde [Abb. 84, S. 151], Rinder usw.). Nur die Pflanzenwelt ist seit der letzten Hälfte der Kreidezeit wesentlich dieselbe geblieben.

Auf die stärkere Betonung von Klimazonen besonders in der zweiten Hälfte der Kreidezeit folgte in der älteren Hälfte und teilweise auch in der jüngeren Hälfte der Tertiärzeit noch einmal ein sehr warmes Klima bis an die Pole hinauf (S. 119). Dann aber wurde es zusehends kühler, die jetzigen Klimazonen werden deutlich, und es kommt die große diluviale Eiszeit, unter deren Nachwirkungen wir heute noch stehen. Mit ihr aber erscheinen uns die ersten fossilen Menschenspuren, teils in Steinwerkzeugen, teils in Skelettresten (S. 5).

Verfolgt man nun das Auftreten der Gruppen und Typen des Tier- und Pflanzenreiches im einzelnen, so macht es durchaus den Eindruck, als ob es Epochen besonders starker Entfaltung teils vorhandener, teils neu hinzutretender Formen gäbe, was wiederum mit Zeiten abwechselt, in denen eine gewisse Trägheit der Entwicklung, um nicht zu sagen ein Stillstand zu beobachten ist. Man kann hierbei grundsätzlich zweierlei unterscheiden: Epochen, in denen besonders viele neue Formen oder Typen erscheinen, gleichgültig, ob sie in ihrer Ausgestaltung nun zahlreiche oder wenige Arten hervorbringen; und Epochen, in denen dagegen eine große Vermannigfaltigung und weltweite Verbreitung, sei es der vorhanden Gewesenen, sei es der Neuhinzukommenden, sich bemerkbar macht.

Wenn man die einzelnen Epochen der Lebensentfaltung als Ganzes überblickt, so bemerkt man auch zuweilen ein gewisses Anschwellen der Häufigkeit der Gruppen, das sich mehrmals wiederholt und hauptsächlich in der Epoche zwischen Silur- und Karbonzeit im Erdaltertum, sodann wieder in der Jura-Kreidezeit, und endlich wieder in der Tertiärzeit liegt. Von der Quartärzeit sehen wir hier und im folgenden ab, weil die Kenntnis aller Gruppen hier ja absolut und nicht mehr vom Zufall des Findens abhängig ist. Deshalb erscheinen uns im Quartär die Stämme alle so sehr angeschwollen, soweit sie nicht überhaupt schon ausgestorben sind. Zum zweiten bemerken wir eine gewisse Unterbrechung der Entwicklung am Ende des Erdaltertums in der Dyas- oder Permzeit, was teilweise noch in die Triaszeit hineinreicht. Auch am Ende der Kreidezeit sind gewisse schroffe Unterbrechungen oder Verdünnungen der Fülle vorhanden. Was bedeutet dies? Entwirft man eine Klimakurve für die Gesamtänderungen des Klimas in den Epochen der Vorwelt, so zeigt

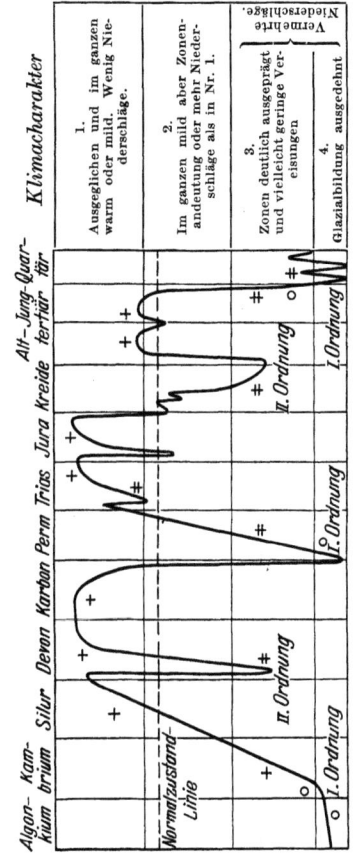

Abb. 80. Kurve des allgemeinen vorweltlichen Klimawechsels mit Angabe des Auftretens und Verschwindens der Korallen: + üppige Entfaltung zuvor schon vorhandener Typen; ± Zurücktreten, aber nicht Erlöschen vorhandener Typen und zeitweiser Ersatz durch Riffbildner anderer Tierklassen; O Verschwinden bisheriger Typen und Auftreten andersartiger Gruppen. (Aus Dacqué 1921.)

sie (Abb. 80) gewisse Ausschläge zu Extremen, die ihrerseits wieder untergeteilt sind in kleinere kurzwellige Rhythmen. Die Hauptausschläge nach der günstigen Seite, d. h. zu einem über die Erde hin gleichmäßigen milden, ja wahrscheinlich sehr warmen Klima (vgl. Kap. II, 4), stehen solchen gegenüber, die auf ein extremes, ja in Eiszeiten gipfelndes Klima hinweisen, während dazwischen Übergangszeiten erscheinen. Die extrem günstigen und die extrem ungünstigen Verhältnisse fallen nun im ganzen zusammen mit den Anreicherungen der Lebensentfaltung. Es ist also ersichtlich ein Zusammenhang zwischen allgemeinen Klimazuständen und Lebensentfaltung zu bemerken.

6. Gesetzmäßigkeiten der Entwicklung.

Wie schon im vorigen Kapitel dargelegt, beginnt die erste sichere Kenntnis des Lebens und seiner Formen erst mit der kambrischen Epoche. Wir wissen von vorausgehendem Leben nur ganz allgemein durch die Tatsache, daß in den vorkambrischen Formationen unbestimmbare Fossilreste und Gesteinsbildungen vorhanden sind, die auf einen Zusammenhang ihrer Entstehung mit Organismen hindeuten. Wir dürfen also eine lange Entwicklung des Lebens in vorkambrischer Zeit voraussetzen und brauchen uns nicht zu wundern, wenn uns am Anfang des Erdaltertums vollendete Gestalten in wohlgetrennten Typen entgegentreten. Nach der Abstammungs- oder Deszendenztheorie stehen wir deshalb mit dem Beginn des Erdaltertums schon in einem weit vorgeschrittenen Stadium der ganzen Lebensentfaltung. Von den Hauptstämmen des Tierreiches fehlen bisher nur die Wirbeltiere, die wir am ehesten in Gestalt von Fischen erwarten dürften. Vielleicht haben Wirbeltiere in kambrischer Zeit schon gelebt, mögen aber ein weiches, schwachknorpeliges Skelett besessen haben und deshalb bisher noch nicht fossil gefunden worden sein. Eine unbefangene Prüfung der kambrischen Tierwelt in ihren einzelnen Gestalten ergibt, daß nicht im streng stammbaumartigen Sinn jene Gruppen zuerst erscheinen, welche innerhalb der Wirbellosen, also innerhalb der niederen Tierwelt, etwa die primitivsten wären. Vielmehr setzt gerade die kambrische Tierwelt mit der höchstentwickelten Gruppe, nämlich den Krebsen (Trilobiten, Abb. 69), ein. Gleichzeitig mit ihnen finden wir die Armfüßler (Brachiopoden), deren individuelle Entwicklungsgeschichte uns lehrt, daß sie den Würmern nächstverwandt sind und, wenn man rein entwicklungsgeschichtlich denkt, von solchen herkommen und deshalb wohl eine längere Umwandlungszeit hinter sich haben mußten, ehe sie zu den schalentragenden, muschelähnlichen Tieren werden konnten, als welche wir sie mit Beginn der kambrischen Epoche fertig vor uns sehen. Dagegen sind die eigentlichen Mollusken (Schnecken und Muscheln) erst im Entstehen (Abb. 70, S. 135) oder überhaupt noch nicht sicher

Abb. 81. Bruchstück eines Riffkalkes des kambrischen Zeitalters, aufgebaut aus den Kelchen von Archaeocyathus. Längs- und Querschnitte. Fraglich, ob Tiere oder Pflanzen. Verkl. (Aus Taylor 1910.)

vorhanden. Die noch einfacher organisierten Gruppen der Korallen vollends erscheinen in der kambrischen Epoche überhaupt noch nicht, sondern setzen erst mit der Silurzeit ein. Eine den Korallen oder Schwämmen vielfach angegliederte riffbildende Gruppe der Archaeocyathiden (Abb. 81) in kambrischer Zeit sind wahrscheinlich Gehäuse von Kalkalgen oder sonst ein unbekannter Zweig des niederen Tierreiches.

Gehen wir nun von der unteren Schwelle des Erdaltertums nach aufwärts, so bemerken wir innerhalb der Stämme der Tierwelt, ebenso wie bei den Pflanzen, einen Wechsel von spezielleren Typen und Organisationen, wobei zugleich eine

Zunahme höherer Formen zu bemerken ist, wenn man unter Höher und Niederer das versteht, was die formale Reihenfolge der Lebewesen ausmacht, wie sie das von Linné geschaffene „natürliche" System uns vorführt. Sind zuerst nur die wirbellosen Tiere vorhanden, so kommen alsbald die Wirbeltiere, und unter diesen wiederum Formen, die wir als altertümliche Fische (Panzerganoiden, Haifische) bezeichnen können. Dann erst erscheinen mit der Steinkohlenzeit die frühesten Amphibien, danach die Reptilien. Auch in diesen Gruppen sind es wiederum altertümliche Gestalten, die alsbald aussterben und den andersgearteten „höheren" Ordnungen Platz machen. Mit der Triaszeit stellen sich beuteltierartige Säugetierreste ein, am Ende des Erdmittelalters ,in der Kreidezeit, die ersten Spuren der plazentalen höheren Säugetiere, und zuletzt, mit dem äußersten Ende der Tertiärzeit und zu Beginn der diluvialen Eiszeit, die ersten Menschenreste.

Faßt man so im Sinne des natürlichen Systems die Anordnung der Tiertypen als eine Stufenleiter vom Niederen zum Höheren auf, so darf man, wie schon bemerkt, in diesem allgemeinen Sinn sagen, das Auftreten der Tiertypen in der erdgeschichtlichen Abfolge der Zeiten sei ein Aufstieg vom Niederen zum Höheren, bedeute also eine derart gerichtete „Entwicklung" des Lebensreiches.

Auch die Pflanzenwelt bestätigt dies. Zuerst nur algenartige Gewächse, teilweise mit Kalkschalen, auch Bakterien, die man schon in der kambrischen Epoche nachweisen kann. In der Devonzeit gesellen sich dazu eigentümliche Pflanzen von höchstens farnartigem und schachtelhalmartigem Habitus (Abb. 82). In der Dyas- oder Permzeit erscheinen nadelholzartige Gestalten, und zwar solche, die wir ihrer Organisation nach im System als niederorganisierten den höherorganisierten der typischen Nadelhölzer gegenüberstellen. Diese kommen erst im Erdmittelalter hinzu, und als sie da sind, erscheinen die bedecktsamigen Blütenpflanzen, also wesentlich das, was wir in der heutigen Pflanzenwelt als Laubhölzer bezeichnen.

Im ganzen, so kann man sagen, findet also nicht nur ein steter Wechsel von Arten, Gattungen und Gruppentypen statt, von Epoche zu Epoche, sondern zugleich wird auch jeder engere Typus von entwickelteren und spezialisierteren Gat-

Abb. 82. Charakterbild der Pflanzenwelt zur Steinkohlenzeit im Erdaltertum. (Nach Neumayr 1894.)

tungen allmählich vertreten. Dies gilt jedoch nur dann, wenn man die Geschlechterfolge im großen durch alle Zeiten hin überblickt. Im einzelnen hält diese Erscheinung nicht durchaus stand. Denn es gibt zum Teil Organisationen, welche mit ungeheurer Konstanz durch viele Epochen, ja durch alle Zeiten hindurchgehen und sich auch in ihren Arten kaum ändern (Abb. 83), und Primitiveres folgt zuweilen wieder dem Sepzialisierteren. Durchschnittlich aber wird die Lebewelt der heutigen um so ähnlicher, je näher sie ihr in der Zeit steht. Dabei entwickeln sich die einzelnen Spezialgruppen ver-

a   *b*

Abb. 83. Beispiel einer alle Zeitalter durchdauernden marinen Tierform (Lingula). *a* im Schiefer der kambrischen Formation; *b* aus der Jetztzeit. Verkl. (Originale.)

schieden rasch. Je niederer ein Typus organisiert ist, um so mehr scheint er in der einmal mitgebrachten Form zu verharren. So können wir keinen wesentlichen Unterschied finden zwischen ältesten Protozoen oder Urtieren (Foraminiferen und Radiolarien) und den heutigen; wenig Unterschied zwischen den Korallen und Krebsen seit Anfang des Erdmittelalters und den heutigen; größeren Unterschied zwischen den Reptilien des Erdmittelalters und den heutigen, obwohl auch hier schon viele Gattungen bis zur Jetztzeit durchlaufen; noch größeren Unterschied zwischen den Säugetieren der Alttertiärzeit und den heutigen. Je „höher" also eine Gruppe im System gewertet wird, um so rascher durchläuft sie ihre Formentwicklung. Alle diese Momente spielen ineinander, um die Mannigfaltigkeit in der Umwandlung zu begründen, die wir durch die Epochen hin beobachten.

Man kann also zweifellos von einer Gesamtentwicklung der Lebewelt sprechen, wobei es durchaus dahingestellt bleibt, wo der „Stammbaum" einst seinen Ausgang nahm, und wobei die Frage offenbleibt, ob nicht schon mit Beginn der kambrischen Zeit alle Haupttypen (Stämme) des Lebensreiches gesondert bestanden. Die empirische Stammbaumforschung beginnt also erst mit der kambrischen Epoche, und nun gilt es, in allen seitdem bekannten Gruppen Umschau zu halten nach Formenreihen und Übergangs- oder Ausgangsformen für die speziellere Entwicklung der einzelnen Zweige innerhalb von Klassen und Ordnungen. Besonders jene Gruppen fossiler Tiere, die entweder sehr zahlreich vorliegen, wie die Meeresmollusken oder Gruppen, die eine sehr rasche Veränderung von Stufe zu Stufe durchmachen und eine große Mannigfaltigkeit von Arten entwickeln, liefern bestes Belegmaterial für Formen- oder Entwicklungsreihen. So kann man besonders die Ammoniten des Erdaltertums und -mittelalters zu solchen Reihen zusammenstellen, und in den Säugetiergruppen der Erdneuzeit begegnen sie uns immerfort.

Das berühmteste Beispiel in dieser Hinsicht ist der „Pferdestammbaum", d. h. die Formgestaltung des Typus, der zuletzt und auf mehreren Linien in unserer Gattung Pferd endet. Schon am Anfang der Tertiärzeit existierten kleine, etwa jagdhundgroße Gestalten mit vierzehigem, teilweise auch dreizehigem Fuß, der als Rückbildungsprodukt aus einem mindestens voll vierzehigen sohlengängerigen Fuß erscheint. Ihr Schädel ist gestreckt, wenig abgesetzt, und das Gebiß mit 44 Zähnen noch ziemlich vollständig; zwischen dem größeren Eckzahn und dem ersten Backenzahn ist kaum eine Lücke zu sehen. In der Neuen sowohl wie in der Alten Welt folgen dann um die Mitte der Tertiärzeit Formen, deren

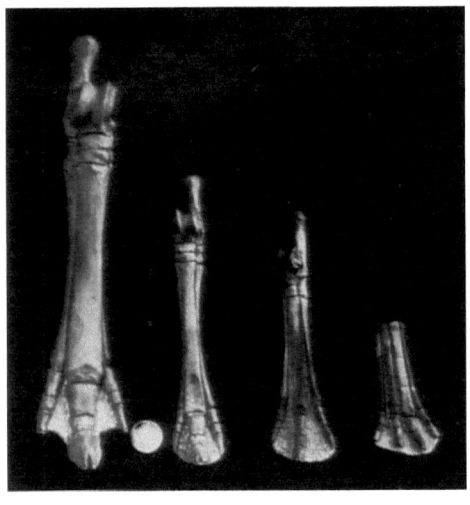

Abb. 84. Entwicklung des P f e r d e f u ß e s von der Alttertiärzeit bis in das Jungtertiär, endigend im heutigen einhufigen Fuß (nicht mitabgebildet). (Nach Originalmodellen des Natural-Museums in New-York.)

Fuß immer mehr sich aufrecht stellt, wobei die seitlichen Zehen mehr und mehr verschwinden und zu Griffelbeinen ohne Funktion werden. Gleichzeitig verstärkt sich die Mittelzehe (Abb. 84), bis endlich mit der Quartärzeit diese allein übrig ist und das Pferd als solches erscheint. Das macht sich auch in der Umwandlung des Gebisses kenntlich, wobei die Schmelzfalten und Bogen der Zähne sich komplizieren, indem die ursprünglich aus vier einfachen Höckern bestehenden Backenzähne allmählich verbunden werden und auch die

Lücke zwischen Eckzahn und Backenzähnen einerseits, Vorderzähnen andererseits größer wird.

Früher, als man noch wenig fossile Gattungen und Arten kannte, war man der Meinung, daß man in solchen Formstufen, wie sie hier für die Pferdetypus geschildert wurde, natürliche Stammbäume zu sehen habe. Je reicher aber das Material zufloß und je gründlicher es vergleichend anatomisch studiert werden konnte, um so mehr zeigte sich, daß von geradlinigen und harmonisch sich entwickelnden Stammreihen nirgends etwas zu finden ist. Alles löst sich in eigene Typen- und Formenkreise auf. Das gewöhnliche Stammbaumbild, wie es durch die klassische Deszendenz- oder Abstammungslehre vorausgesetzt wurde, hat sich nirgends entdecken lassen. Es sind nicht nur Lücken in den erwarteten Formenreihen da — dies könnte man immerhin noch als einen zufälligen Mangel an genügend vollzähligem Artenmaterial deuten —, sondern es ergibt sich geradezu die positive Gesetzmäßigkeit, daß sich nirgends alle Eigenschaften gleichsinnig weiterbilden können. So eilen oft die Gebißumwandlungen etwa der Umwandlung der Extremitäten voraus; oder es zeigt sich, daß eine weit mehr spezialisierte Art schon früher auftritt als eine einfachere derselben Formenreihe. Dies nennt man „Spezialisationskreuzung".

Die Grundforderung, die erfüllt sein muß, damit wir eine Art für den Stammvater einer nachfolgenden ansehen dürfen, ist die, daß der Stammvater nicht einseitiger entwickelt ist als der Nachkomme, und daß dieser in allem eine gleichsinnige Weiterbildung, sei es in der Richtung des Spezialisierteren, sei es rückläufig in der Richtung des Einfacheren erscheint. Es ist aber durchgehends paläontologisch die Erfahrung gemacht worden, daß es überhaupt keine wirkliche Gattung gibt — von hypothetischen zu reden, hat keinen Zweck — welche jemals so geartet gewesen wäre, daß sie in allen Teilen einen vorausgehenden oder nachfolgenden entsprochen hätte. Alle sind stets einseitig in dieser oder jener Hinsicht spezialisiert. So allein erscheint in der Erdgeschichte die lebendige Form; alles andere sind formalistische Vermutungen, die nicht auf empirischer Erkenntnis beruhen. Will man also aus anderen wichtigen Erwägungen heraus und wohl mit vollem Recht an einer natürlichen Entwicklungslehre festhalten, so muß man immerhin im Auge behalten, daß diese Entwicklung nicht äußerlich im Sinne einer gleichmäßig dahinfließenden Wandlung vor sich ging, sondern andere, noch ungeklärte Zusammenhänge hat.

Man kann daher, auch wenn man durchaus auf dem Boden einer natürlichen Entwicklungslehre steht, nicht behaupten, daß sich eine stammbaummäßige Verzweigung und Umwandlung der Tierformen in den erdgeschichtlichen Zeiten und mit dem paläontologischen Material bisher habe nachweisen lassen, sondern muß sich grundsätzlich klar darüber sein, daß wir bisher nur formal und ideell von einer Höherentwicklung im Lebensreich sprechen dürfen. Zu diesem Ergebnis führen auch die Übergangs- oder Mischtypen, denen wir in der Erdgeschichte zeitweise begegnen und die uns gleichfalls den Gedanken einer Entwicklung aufdrängen, ohne daß wir sie für eine stammbaummäßige Anordnung der Tier- und Pflanzenwelt unbedingt verwerten dürften.

So findet sich in der Jurazeit ein taubengroßes vogelartiges Wesen, das man ursprünglich Urvogel (Archaeopteryx) nannte, und das in seinem Körperbau sowohl Reptil- wie Vogeleigenschaften vereinigt. Da erst nach der Jurazeit, in der Kreideepoche, echte Vögel erscheinen, so vermutete man in jener Gestalt einen Vertreter der Ahnen der Vögel. Ein anderes Beispiel. Es erscheinen beispielsweise in der Endphase des Erdaltertums Reptilien, die in einigen ihrer Eigenschaften und auch im Habitus sehr an Säugetiere späterer Zeit erinnern (Abb. 85). Bald darauf, in der Triaszeit, finden wir auch tatsächlich erste Säugetierreste. Man könnte daraus schließen, daß diese, den „echten" Säugetieren zeitlich etwas voraufgehenden säugetierähnlichen Reptilien die natürlichen Stammväter jener gewesen seien und hierin einen Beweis für die „natürliche Entwicklung" des Säugetieres aus dem Reptil sehen.

Solche „Übergangsformen" gibt es viele, sowohl bei den niederen wie bei den höheren Tieren, und auf solche Weise erscheinen die Typen der Tierwelt genetisch verbunden. Dennoch aber bewährt sich diese Auffassung nicht bei der exakten Prüfung der wirklichen Tierformen. Denn je gründlicher man mit solchen Übergangsgestalten sich beschäftigt, je reicher das Material an solchen und je eindringender die anatomisch vergleichende Untersuchung wird, um so sicherer erweist es sich immer wieder, daß jene Übergangsformen, welche uns die „Entwicklung" eines Typus in einen anderen vorspiegeln, stets so sehr in ihrem eigenen Formenkreis spezialisiert sind, daß sie nicht für wirkliche Übergangs- und Stammformen nachfolgender Gestaltungen gelten können. Denn es ist ein unbedingtes und wohl durchweg anerkanntes Gesetz der Entwicklungslehre, daß eine in bestimmten Richtungen ein-

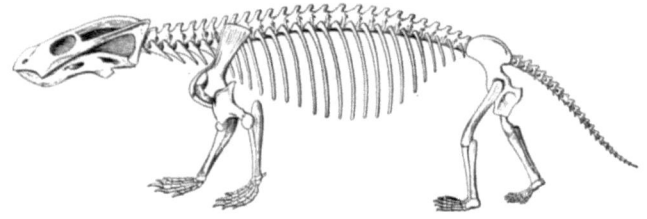

Abb. 85. Skelett eines Reptils der Dyaszeit, mit säugetierartiger Gestalt. Südafrika. Verkl. (Aus Broom 1901.)

seitig spezialisierte Form nicht als Stammvater einer in derselben Hinsicht einfacheren Gattung gelten kann.

Wir stehen hier vor einer grundsätzlichen und schwierigen Frage der Auffassung von Formenreihen und Übergangsformen als eines Beweises für stammbaumartige Entwicklung. Die bedeutenden Paläontologen Dollo und Abel haben daher schon früher für solche Formenreihen Wesensunterschiede kenntlich gemacht, welche sie durch die Ausdrücke *Anpassungsreihen, Stufenreihen* und *Stammreihen* bezeichnen. Wenn wir etwa in der Triaszeit Reptilformen bemerken, deren Organisation auf eine eben beginnende Anpassung an das Leben im Meer hindeutet (Abb. 55, S. 104) und danach in der Jurazeit andere Reptilformen, bei denen diese Anpassung durch Umwandlung der Extremitäten und Körperoberfläche so weit schon gediehen ist, daß wir eine vollendete schwimmende Meeresform darin erkennen (Abb. 56, S. 105), so gibt uns die Aneinanderreihung solcher Gestalten zwar ein Beispiel, wie etwa stammesgeschichtlich sich aus einem Landreptil ein Meerreptil „entwickelt" haben könnte; aber da diese Gattungen in keinem unmittelbaren Verwandtschafts-

Abb. 86. Stufenreihe der Entwicklung des Gehäuses von Nautilus (s. Abb. 37, S. 69). a, b, c Stadien frühester Einrollung, von der geradegestreckten Form ausgehend, Silurzeit; d, e zunehmende Einrollung, Triaszeit; a, c, e Steinkerne. (Originale.)

verhältnis zueinander stehen, sondern heterogenen Stammtypen angehören, so veranschaulichen sie eben nur ideell die Anpassung als solche und bilden miteinander keine wirkliche genetische Reihe, also keine echte Stammreihe, in der sich die Anpassung real entwickelt hätte. Stufenreihen dagegen sind gebildet aus solchen Formen, die enger miteinander verwandt sind und uns in ihrer zeitlichen Folge gleichfalls eine

Umwandlung innerhalb eines enger begrenzten Spezialtypus veranschaulichen. So die beistehend mitgeteilte Nautilidenreihe (Abb. 86). In ihr erkennen wir die Umwandlung des Nautilidentypus aus einfach geradegestreckten Gehäusen in das eingerollte des späteren und heutigen Nautilus. Im großen ganzen verläuft diese Umwandlung so, daß im Erdaltertum die geraden und offeneingerollten begegnen (Abb. 84a bis c); im Erdmittelalter zuerst die einfach eingerollten (Abb. 84d), wobei sich die Umgänge noch nicht umgreifen, sondern nur dicht aneinanderliegen; danach erst die sehr involuten Gestalten (Abb. 84e), bis sie in solchen endigen, die wie der heutige Nautilus pompilius (Abb. 37, S. 69) eine vom letzten Umgang vollständig umhüllte Schale haben. Sieht man hier auch zweifellos eine „Entwicklung" sich vollziehen, so ist dennoch auch dies keine wahre Stammreihe, sondern eben nur eine Stufenreihe, weil die Gattungen der Nautiliden sich nicht in dem hier vorgeführten Sinn wirklich Schritt um Schritt, Zeitstufe um Zeitstufe auseinander entwickelten, sondern auf getrennten Bahnen und keineswegs in dieser schematischen Form, sondern in verschiedener Schnelligkeit und einzelne der dargestellten Stadien überspringend. Was also mit der Reihe Abb. 86 geboten ist, ist eine Veranschaulichung der Nautilidenentwicklung unter Darbietung bestimmter Stufen dieses Evolutionsprozesses, ohne daß die Formen unmittelbar miteinander verwandt oder genau so in der Zeit aufeinandergefolgt wären und sich auseinander entwickelt hätten. Wahre Stammreihen sind also nur solche, bei denen wirklich ein Hervorgehen und körperliches Weiterpflanzen der sich ändernden Eigenschaften beobachtet ist, womöglich an ein und demselben Ort. Solche Formenreihen, die wahre Stammreihen sind, hat man mehrfach gewonnen (Abb. 87), aber es zeigt sich jedesmal und ausnahmslos, daß diese sich nur auf eine allerengste Umwandlung erstrecken und nicht über die Grenze einer guten Gattung hinausgreifen. Sobald wir weitergehen wollen, um die Entwicklung zu verfolgen, müssen wir uns immer wieder mit Stufenreihen oder gar bloßen ideellen Anpassungsreihen begnügen.

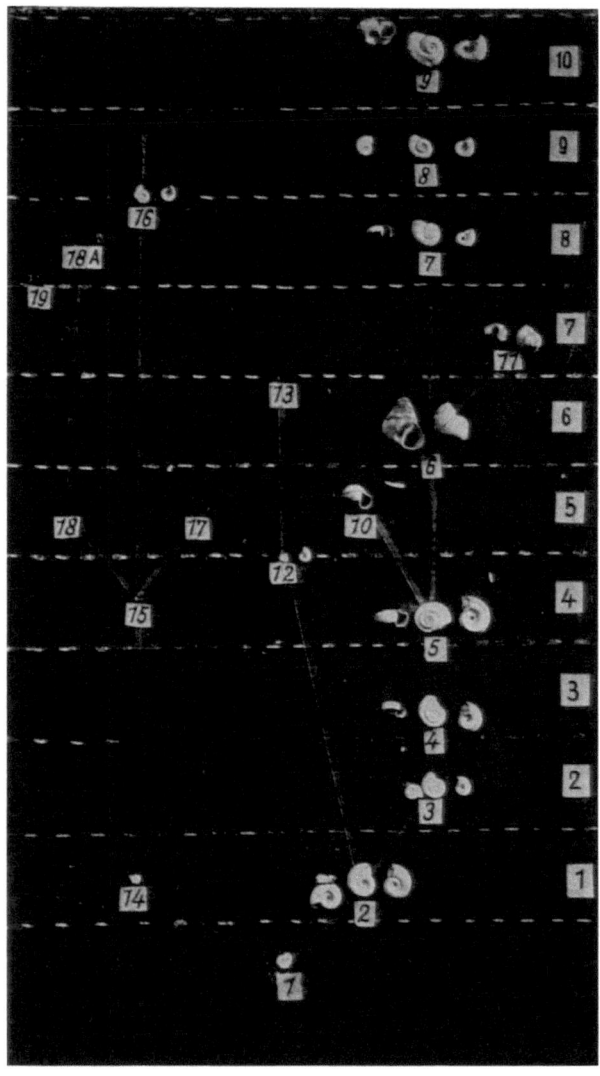

Abb. 87. Variantenreihe der Süßwasserschnecke Planorbis. Aus dem jungtertiären Sprudelkalk von Steinheim. 1—10 die aufeinanderfolgenden Schichten. (Original.)

Verfährt man also durchaus objektiv und läßt man sich nur von dem leiten, was die Paläontologie wirklich festgestellt hat, ohne daß man sich auf eine bestimmte Art von Abstammungsvorstellung festlegt, so kann man nur sagen: Je zahlreicher die vorweltlichen Gattungen und Typen uns bekanntgeworden sind, je gründlicher man sie anatomisch beurteilen lernte und in ihre Organisation eindringen konnte, um so mehr zeigte es sich, daß es überhaupt nur typenhaft festgelegte Gestalten gab, die sich innerhalb der vorgezeichneten Grundorganisation zweifellos umwandelten, Reihen bildeten, Spezialisationen durchmachten, neuen Anpassungen unterlagen; daß sich aber für ein allmähliches stammbaumartiges Hervorgehen des einen Typus, der einen Grundorganisation aus der anderen bisher nicht ein einziger unbedingt schlüssiger Beweis ergab. Trotzdem deutet alles darauf hin, daß eine natürliche Entwicklung irgendwie sich vollzogen hat, und wir brauchen durch die dargelegten Ergebnisse nun nicht am Prinzip der natürlichen Entwicklung irre zu werden, auch wenn sich die schematische und allzu formalistische Stammbaumvorstellung nicht bewährt. Ohnehin wurde ja gezeigt, daß die Wurzeln der Tiertypen allesamt schon in präkambrischen Epochen stecken, daß mit Beginn des Erdaltertums die Typen der niederen Tiere alle schon frei dastehen, und daß möglicherweise auch der Wirbeltiertypus selbst schon in jener ältesten Zeit vorhanden war, wenn er bisher auch fossil noch nicht gefunden wurde.

Überblickt man nun die gesamte Veränderung des Tier- und Pflanzenreiches in den uns bekannten erdgeschichtlichen Epochen und stellt man sich diese Folge von Umwandlungen als natürliche Entwicklung irgendwie vor, so heben sich bestimmte Züge heraus, die man als gesetzmäßig für die Umwandlung der Lebensformen ansprechen kann.

Eine Haupterscheinung wurde schon im Kap. II, 2 beschrieben, nämlich die, daß die Tier- und Pflanzenwelten den heutigen um so ähnlicher sehen, je mehr wir uns der Jetztzeit von unten herauf nähern. Es ist dies aber nicht so zu verstehen, daß nun die einzelnen Typen und Formenkreise gewissermaßen wie geordnete Heerhaufen in Reih und Glied über die Bühne des Lebens wandern. Vielmehr besteht für die einzelnen Gruppen, ja sogar für die einzelnen Gattungen hierin eine sehr weitgehende Freiheit der Entwicklung. Manche Gruppen oder Gattungen erscheinen, blühen rasch auf, treiben in kurzer Zeit zahllose Arten heraus und sterben rasch wieder aus. Andere erscheinen zuerst in spärlichen Arten, bleiben lange Zeit fast unbemerkt, werden dann zahlreicher und klingen ebenso langsam wieder ab, lange Epochen auf solche Weise durchdauernd. Andere wieder erscheinen, behalten ihre Form zähe bei, wiederholen sich fast in derselben Weise von Epoche zu Epoche und durchdauern alle Zeiten. Wieder andere sind Unica; sie kommen in einer oder einigen Arten zu einer bestimmten Zeit und sind sogleich wieder verschwunden. Wie man also nur allgemein in der Geschichte des Lebens von einer Entwicklung des Niederen zum Höheren sprechen kann, so auch nur allgemein von einer stetigen Annäherung der Gesamtlebewelt an die der Jetztzeit. Im einzelnen hält diese Auffassung nicht stand.

Im Verlauf der Gesamtentwicklung zeigt sich nun innerhalb der einzelnen Gruppen eine Gesetzmäßigkeit in der körperlichen *Größenzunahme.* Im allgemeinen beginnen die engeren Formtypen mit kleinwüchsigen Gestalten, nehmen allmählich durchschnittlich an Größe zu und erreichen ihre größte Gestalt ungefähr dann, wenn sie auf dem Höhepunkt ihrer Entfaltung und Spezialisierung stehen. Gerade die Säugetiere, die während des Tertiärzeitalters eine unglaubliche Spezialisierung und Vermannigfaltigung in einzelnen Formenkreisen erleben, liefern hierfür die prächtigsten Beispiele. Die Pferdesippe, die Elefanten, die Rhinoceronten, die Wiederkäuer und viele andere beginnen allesamt mit kleinwüchsigen Gestalten, meistens nicht größer als ein Hühnerhund, und endigen in Riesen, wie sie die heutige Tierwelt noch zeigt (Abb. 88).

Damit wird auch der Begriff „*Riesenform*" in der Entwicklungsgeschichte des Lebens deutlich bestimmt. Eine Riesenform ist nicht schlechthin die absolut große Form, sondern ist innerhalb jeder speziellen Gruppe jene Gestalt, welche die größten Dimensionen erreicht. So ist etwa der

Neufundländer Hund eine Riesenform unter seinem Geschlecht, wie das moderne Arbeitspferd auch oder wie der Hirschkäfer, obwohl sie alle kleiner sind als die vielen Riesenechsen des Erdmittelalters, welche bis zu 20 m Höhe erreichten und allerdings auch Riesenformen, nämlich ihres

Abb. 88. Schematische Reihe der Entwicklung des Pferdetypus seit der Alttertiärzeit. Größenzunahme (vgl. Abb. 84). (Aus Lull 1910.)

Echsenstammes waren. Es ist auch ein Irrtum, dem man vielfach in Laienkreisen begegnet, daß die vorweltlichen Tiere besonders groß gewesen seien. Ist auch die absolute Größe der mittelalterlichen Dinosaurier nicht wieder erreicht worden, so ist doch der Prozentsatz der an sich kleinen Formen auch unter den Wirbeltieren in der Vorzeit ebenso groß wie heute.

Ein weiteres Gesetz ist die Zunahme der *Schnelligkeit der Formentwicklung* im Lauf der geologischen Epochen. Es müssen, wenn wir an eine stammesgeschichtliche Entwicklung glauben wollen, zuerst sehr lange Zeiträume verflossen sein, ehe eine Tierwelt zustande kam, wie wir sie als die kambrische kennengelernt haben. Denn die der kambrischen Epoche vorausgehende algonkische Formation deutet in ihrer Schichtenmächtigkeit auf einen Zeitraum, der mindestens an Dauer der ganzen Erdaltertumszeit gleichkommt. Das Erdaltertum selbst übertrifft an Länge der Zeit die beiden jüngeren Epochen des Erdmittelalters und der Erdneuzeit zusammen wohl um das Doppelte. In dieser langen Periode des Erdaltertums aber macht die niedere Tierwelt kaum mehr einen grundsätzlichen Fortschritt, was die Organisationshöhe betrifft. Auch die Wirbeltiere gelangen nur bis zum Reptil. Im Erdmittelalter entfaltet sich dann wieder dieser Reptilstamm in einem Zeitraum, der sehr kurz erscheint gegenüber dem, was im Erdaltertum vor sich ging. Vollends in der Tertiärzeit liegt eine Entfaltung des höheren Säugetieres, die an Schnelligkeit alles übertrifft, was bis dahin im organischen Reich vorging. Bei den Pflanzen ist der Ablauf unsicherer; wir wissen zu wenig darüber. Allerdings beruht diese ganze Auffassung der Schnelligkeitszunahme der Entwicklung auf der Voraussetzung, daß die Mächtigkeit der Ablagerungen aus den einzelnen Hauptepochen zugleich ein Maßstab für die Zeitdauer der Epochen sei. Diese Rechnung würde hinfällig werden, wenn sich einmal Anhaltspunkte ergäben, daß in früherer erdgeschichtlicher Zeit Wirkungen mit im Spiele waren, welche wesentlich raschere Schichtaufhäufung bedingt hätten, als wir sie heute auf der Erde beobachten.

Eine weitere wichtige Gesetzmäßigkeit in der Gesamtentfaltung der lebenden Formen ist die Zunahme verwickelterer Organisationszustände, was sich allerdings nicht bei einer unmittelbaren Gegenüberstellung der Typen selbst zeigt, sondern nur innerhalb engerer Formenkreise, wenn man in ihnen die späteren mit den früheren Arten vergleicht. So kann man etwa bei den Mollusken eine Zunahme der Kompliziertheit und zugleich eine zunehmende Vollendung in der „technischen" Gestaltung der Schale wahrnehmen. Die ältesten Schnecken etwa haben einfache Gehäuse (Abb. 70, S. 135); die Einrollung scheint ein späteres Stadium im großen ganzen zu sein. Aber zuerst sind die Mündungen noch rund und ununterbrochen; das Gehäuse macht im Windungsquerschnitt den Eindruck eines einfachen, aufgerollten Schlauches. Erst in der Mitte des Erdmittelalters kommen Schneckengehäuse, deren Mündung zu einer Röhre (Sipho) ausgezogen wird,

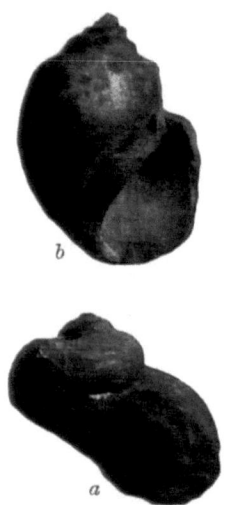

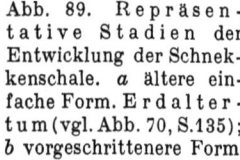
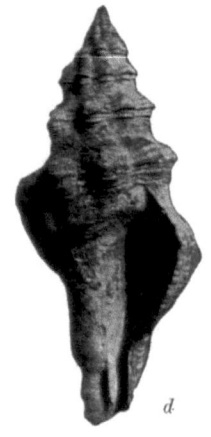

Abb. 89. Repräsentative Stadien der Entwicklung der Schneckenschale. *a* ältere einfache Form. Erdaltertum (vgl. Abb. 70, S.135); *b* vorgeschrittenere Form mit hoher Mündung. Erdmittelalter. *c* Schalenmündung durchbrochen und *d* zu einem Sipho ausgezogen. Tertiärzeit. Verkl. (Orig.)

was in der Tertiärzeit seine extremste Spezialisierung erfährt (Abb. 89). Bei den Muscheln ist es ähnlich. Die ältesten, also die des Erdaltertums und auch noch die der Triaszeit, haben wesentlich alle geschlossene Schalenränder. Im Erdmittelalter gibt es klaffende Schalen, und das bedeutet, daß sich die Formen in den Boden eingraben und nur ihr Hinterende hervorstrecken, das sich zu einer oder zwei Röhren verlängert. Endlich in der Tertiärepoche hat dies seinen extremsten Grad erreicht (Abb. 50, S. 97). Auf die entsprechende Entwicklung der Ammonshörner ist im Kap. II, 2 hingewiesen. Die Seeigel mit ihren geschlossenen Kapselschalen sind im Erdaltertum rund, haben zahlreiche Täfelchen; im Erdmittelalter wird die

Zahl der Täfelchen geringer, und während sie zuerst in losem Zusammenhang standen, werden sie nun steif verbunden. In der Mitte des Erdmittelalters verändern sie ihre zuerst gleichmäßig fünfstrahlige radiale Gestalt und werden mehr zweiseitig-symmetrisch. In der Tertiärzeit werden sie oft flach und extrem bizarr. Beispiele aus der höheren Tierwelt sind oben schon angeführt. Dies ist das *Gesetz der zunehmenden Spezialisation*. Es sagt aus, daß die Anfangsformen engerer Gruppen oder ,,Stammlinien" im Vergleich mit den späteren Formen derselben Gruppe anatomisch einfacher, primitiver

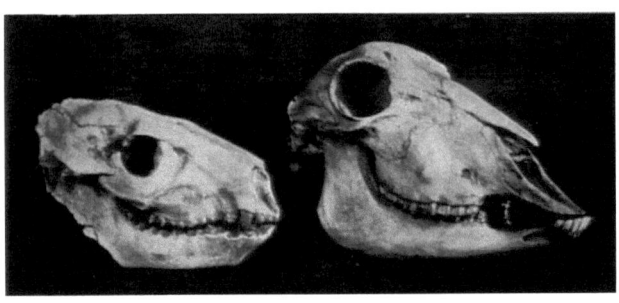

Abb. 90. Vergleich der Schädel zweier Paarhufer: *a* Alttertiäre Form mit vollständigem Gebiß und gestrecktem Schädel; *b* jetztlebende Form mit reduziertem Gebiß und hochgedrängtem Schädel. Verkl. (Originale.)

erscheinen als die späteren. So sehen wir, wie schon im Kap. II, 2 beschrieben, die Ammonshörner mit einfachen Scheidewänden ausgestattet, dann mit wenig zerschlitzten, endlich mit vielfach zerschlitzten (Abb. 39, S. 70). Die Stachelbildung und Verzierung der Moluskengehäuse ist in den früheren Perioden viel geringer als später. Die ältesten plazentalen Säugetiere haben fast alle eine vollentwickelte fünfzehige Extremität und ein vollständiges lückenloses Gebiß. Spätere Formen haben in vielen Stämmen eine reduzierte Extremität und ein reduziertes Gebiß (Abb. 90). Zugleich scheint es, daß die Gruppen im Laufe ihrer Entwicklung immer vielseitigere Formen ausbilden, um immer neuen Lebensbedingungen damit gerecht zu werden, immer neue speziell geartete Lebensräume ausfüllen zu können. Aber auch bei diesem Gesetz bestehen, äußerlich besehen, viele Ausnahmen, und auch hier kann man, wie bei der Erscheinung der Größenzunahme und dem Hinzukommen immer höherer Typen nur dann so allgemein die Erscheinung formulieren, wenn man alles im Ganzen nimmt. Im einzelnen gibt es auch *rückläufige Formbildungen,* so daß auf Spezialisiertes wieder Einfacheres kommen kann oder daß Formen durch lange Epochen hindurch, ohne sich wesentlich zu ändern, durchdauern. Die Natur ist eben nirgends ein Schema, und

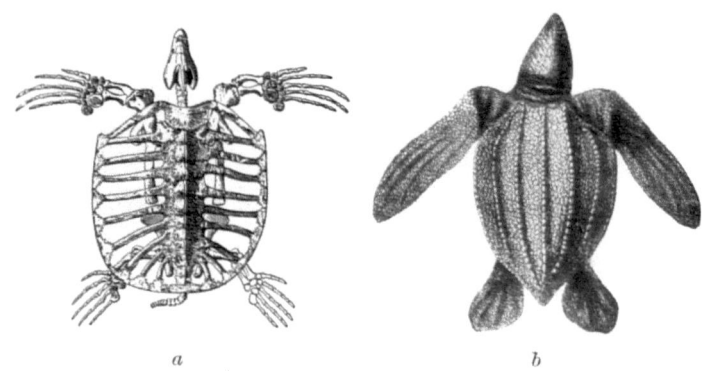

a *b*

Abb. 91. Meeresschildkröten: *a* mit rückgebildetem Panzer, Kreidezeit; *b* mit Lederhaut als Ersatz des verlorengegangenen Panzers, Jetztzeit. (Aus Abel 1912.)

„Gesetze", die wir aus einer Unzahl von Erscheinungen ablesen, sind immer Abstrahierungen, welche uns einen gewissen Durchschnitt geben, aber nicht die Mannigfaltigkeit der Natur ganz zum Ausdruck bringen.

So kann man auch gegen ein weiteres Gesetz mancherlei einwenden, obwohl es bisher nicht entscheidend widerlegt wurde: das Gesetz der *Nichtumkehrbarkeit der Entwicklung.* Dieses besagt, daß Organe, die sich im Lauf der Geschlechterfolge zurückbilden und dabei schwinden, nicht wieder auf demselben Weg zurückgewonnen werden können. Erscheinen späterhin jedoch Formen, welche ein verlorengegangenes Organ von neuem zeigen, so läßt sich jedesmal nachweisen, daß es sich um ähnliches nur handelt, das auf ganz andere Weise in den anatomischen Zusammenhang des Organismus eingegliedert ist, als das scheinbar gleiche frühere, dann aber rückgebildete Organ. So verschwindet bei einer Gruppe von Meeresschildkröten der feste Panzer seit der Jurazeit (Abb. 91). Eine spätere Meeresschildkröte, die wiederum einen Panzer zeigt, trägt ihn als dicke Verlederung der Haut; aber es ist nicht mehr der frühere, aus Knochenplatten bestehende Panzer, wie ihn ursprünglich jede Schildkröte hatte.

Man bemerkt beim Überblicken der ganzen Lebensfolge, daß die einzelnen Zeitalter nicht nur schlechthin durch die Gattungen und Arten im systematischen Sinn, also durch einzelne spezifische Leitversteinerungen (S. 80) charakterisierbar sind, sondern auch durch bestimmte *allgemeinere Formbildungsgesetze,* welche jeweils viele oder auch wenige Gattungen bzw. Zeugungskreise umfassen. Ähnlich wie etwa der Ablauf der Kulturen an bestimmten Baustilen kenntlich wird und solche Baustile nur in bestimmten Zeiten natürlich und mehr oder weniger allgemein erscheinen, so ist es vergleichsweise auch in der Entwicklungsfolge des Lebensreiches und seiner einzelnen Spezialstämme. So hat sich bei den fossilen Floren gezeigt, daß das, was wir etwa Farne oder Nadelhölzer nennen, nicht genetisch einheitliche Gruppen sind, sondern eine mehr oder weniger umfassende Formerscheinung darstellt, welche in einer bestimmten Zeit über viele natürliche Gattungen hinübergreift. Die Farne oder die Bärlappgewächse des Erdaltertums sind solche Zeitformenbildungen, die oft ohne nähere Verwandtschaft miteinander das darstellen, was wir mit einem allgemeinen systematischen Begriff als den Typus der Farne, der Bärlappe usw. benennen. Oder im frühen Erdaltertum tritt uns eine größere Zahl Fische als „Panzerfische" entgegen; viele Landwirbeltiere in der Gestalt von Lurchen; viele Krebse in der Gestalt von Trilobiten; die Korallen in Gestalt von bilateral-symmetrischen oder vielzähligen Kelchen; die Nautiliden als geradegestreckte oder wenig eingebogene Gehäuse; im Erdmittelalter die Korallen mit sechszählig-radiär angeordneten Kelchfächern, die Flugtiere bis in die Kreidezeit als geflügelte Echsen; viele Landtiere als halb aufrechtgehende Reptilien.

Es ist nicht etwa so, daß eine solche *Zeitformenbildung* stets ganz gleichmäßig alle Gattungen eines Stammes umfaßt, sondern immer nur einen größeren oder geringeren Teil. Andere Tierformen unterliegen anderen Formgemeinsamkeiten; manche bekommen auch nur noch einen Anflug von solchen gemeinsamen biologischen Charakteren mit. Dies kann sich sowohl auf den Gesamtkörper erstrecken, wie auch

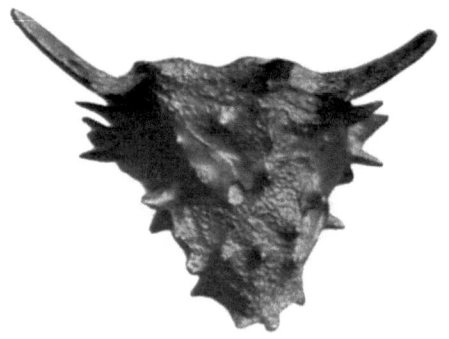

Abb. 92. Reptil von der Grenze der Dyas- und Triaszeit, als Repräsentant der damaligen Formen mit Scheitelauge. Rechts vorn das Normalauge. Schädel verdrückt. (Original nach Gipsabguß.) Schottland.

nur auf einzelne Organe. Es gibt viele solche Zeitformenbildungen, die oft miteinander verwoben sind. Die auffallendsten greift man heraus und bezeichnet danach die Zeit, wie sonst nach systematischen Leitfossilien. Ein charakteristisches Organ des Landtieres im Erdaltertum ist durchweg das Scheitelloch, d. i. eine Durchtrittsstelle für ein drittes augenartiges Organ oben auf dem Schädeldach (Abb. 92); unter den Mollusken der Silurzeit werden die Verzierungen auf den Gehäusen der Schnecken in einer sehr primitiven unbeholfenen Weise angelegt; sodann etwas später in der Devonzeit in einer anderen, schließlich gegen das Erdmittelalter hin in einer abgeglichenen und technisch sehr vollendeten Weise. Das Entscheidende daran ist, daß jedes Tier, welches in einer späteren Epoche erscheint und in seinem Körper eine Formbildung zeigt, die für irgendeine frühere Epoche charakteristisch war, seiner Entstehung, d. h. seinem ersten Auftreten nach in jener älteren Zeit wurzelt, auch wenn man dort fossile Reste von ihm noch nicht gefunden hat. Hierfür hat man Beispiele, die bereits durch Fossilfunde belegt sind. Damit ist ein ziemlich exaktes Mittel an die Hand gegeben, das Alter einzelner Formen und Typen festzulegen, wo und wann man sie auch zum erstenmal fossil finden mag. Doch genug damit, da dies Probleme sind, deren Entwicklung sich noch im Fluß befindet.

Aus allen diesen Darlegungen aber geht das eine mit Sicherheit hervor, daß die Entwicklung des Tier- und Pflanzenreiches nicht als einfacher, im Sinne der älteren Abstammungslehre geradliniger Vorgang aufzufassen ist, sondern erst als ein Ineinanderspielen der verschiedensten formbestimmenden morphologischen, physiologischen und biologischen Gesetzmäßigkeiten verständlich wird.

III. Schlußabschnitt.

1. Geschichtliches über die Versteinerungskunde.

Die Versteinerungskunde oder Paläontologie als Lehre von den vorweltlichen Lebewesen und ihrer Erforschung ist ein jüngerer Zweig der allgemeinen Naturwissenschaft. Noch in der zweiten Hälfte des 18. Jahrhunderts, als schon Zoologie und Botanik so weit entwickelt waren, daß es nur noch der ordnenden Hand Linnés bedurfte, um die Fülle der lebenden Formen in einem „natürlichen System" zur geordneten Darstellung zu bringen, herrschten über die versteinerten Lebewesen noch sehr unklare Vorstellungen. Lange nur vom Standpunkt der Kuriosität und des Naturspiels oder der ästhetischen „Gemütsergötzung" betrachtet, wußte man noch nicht, welche entscheidende Wichtigkeit sie für das Verstehen auch der jetzt lebenden Arten und Gattungen sowie für das allgemeine Verständnis der Entwicklung der Erde und des Lebens noch bekommen sollten.

In früheren Jahrhunderten, wo man die Naturforschung in einem ganz anderen Sinn und mit anderen Voraussetzungen trieb, als seit der „Aufklärungszeit", sah man die Versteinerungen als Naturspiele an, wohl auch als erstickte, d. h. bei ihrem Erwachen zum Leben im Stein erstarrte organische Bildungen. Man sah sie als Ergebnisse der „Aura seminalis" (Zeugeluft) an, die tier- und pflanzenähnliche Gebilde auch im Stein erzeugte, als die Lebewelt erschaffen wurde. Solche mittelalterlichen, theologisch gerichteten naturphilosophischen Lehren kannten noch nicht die Ziele unserer naturhistorischen Forschungsart. Dem mittelalterlichen Denken, besonders der Scholastik, war es nicht um einen äußerlichen Realismus zu tun, sondern um eine Symbolik, worin die Natur als Ideen des Schöpfers, so wie der Mensch sie verstand, begriffen und nach ihren inneren Formgesetzen um des Religiösen willen dargestellt werden sollte. Erst am Ende des 18. Jahrhunderts sehen wir planmäßige Versuche, den Fossilien in objektiver Weise gerecht zu werden und sie unter Vergleichung mit entsprechenden lebenden Gattungen biologisch zu deuten.

Zunächst war es am Ende des 17. Jahrhunderts die Schule der *Diluvianer* (diluvium = Sündflut), die zum erstenmal in den Versteinerungen insofern echte vorweltliche Lebewesen erkannte, als sie annahm, sie seien während der biblischen Sintflut eingebettet und mineralisiert bis auf unsere Tage erhalten worden. Als vielgenanntes und vielbespötteltes Wahrzeichen jener Denk- und Forschungsrichtung gilt der Andrias Scheuchzeri, das Skelett eines großen Molches aus tertiärzeitlichen Schichten in Südbaden, der von seinem Entdecker und wissenschaftlichen Bearbeiter als „betrübliches Beingerüst" eines bei der Katastrophe untergegangenen „verruchten Menschenkindes" angesprochen wurde (Abb. 93). Es war der Schweizer Arzt Joh. Jakob S c h e u c h z e r, der solcherweise die Versteinerungskunde berühmt zu machen anfing, aber trotz dieses Mißgriffes eine Fülle bester Beobachtungen machte und mit Begeisterung für die Deutung der Fossilien als Zeugen einer wirklich untergegangenen Lebewelt eintrat (1672—1733). An der Spitze der Bewegung stand I. Woodward in England, dessen damals berühmtes Werk „Essay towards a natural history of the earth and terrestrial bodies" (London 1695) außerordentliches Aufsehen erregte und alsbald in Deutschland Schule machte. Hier möge besonders auf den Altdorfer Professor Joh. Jakob Baier hingewiesen werden, dessen „Oryctographia Norica" (Nürnberg 1708) schon eine naturwahre Darstellung zahlreicher Versteinerungen bot und in der Deutung der Fossilien sehr sachlich verfuhr, aber noch weit übertroffen wurde von dem

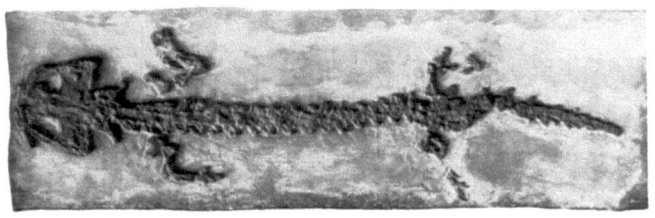

Abb. 93. Skelett des Riesenmolches, Andrias Scheuchzeri, aus jungtertiären Süßwasserschichten von Südbaden. Verkl. (Nach Gipsabguß im Münchener Museum.)

großen Prachtwerk: „Sammlung von Merkwürdigkeiten der Natur und Altertümer des Erdbodens" (1755), herausgegeben von dem Nürnberger Sammler und Künstler G. W. Knorr, in Verbindung mit dem Jenaer Professor E. J. Walch, das eine Übersicht der damals bekannten Versteinerungen enthält.

Wurde allerdings die tiefere Wissenschaft durch derartige Werke, denen man aus anderen europäischen Ländern noch einige zur Seite stellen könnte, nur wenig gefördert, so hatten sie doch gewiß den Wert, die allgemeine Aufmerksamkeit und das Nachdenken über diese versunkene Welt allmählich lebendig werden zu lassen und zum Sammeln anzuregen. In einzelnen, mit Fossilien reicher gesegneten Landstrichen setzte auch rasch das Interesse daran ein, und in trefflicher Weise hat der Vater der schwäbischen Paläontologie, Fr. Aug.

Quenstedt († 1889) in einer Arbeit über den fossilen Flugdrachen Pterodactylus suevicus die Bedeutung jener alten Petrefaktensammler gekennzeichnet, durch deren Eifer zahlreiches Material dem Boden und der späteren Zerstörung entrissen wurde und das zum Teil heute noch die Sammlungen ziert. Nur solchem Fleiß und Sammeleifer ist es zu danken, daß gegen Ende des 18. und am Anfang des 19. Jahrhunderts allmählich nicht nur zahllose fossile Gattungen und Arten entdeckt und beschrieben werden konnten, sondern daß nun auch erst die Erkenntnis auftauchte, daß ihre Verteilung in den Schichten der Erde nichts Zufälliges und Willkürliches an sich habe, sondern daß man hier einer wohlgeordneten verschollenen Welt gegenüberstehe, in deren zeitliche „Schichtungen" nicht weniger Sinn zu bringen sei, als in die der menschlichen Kulturgeschichte. Dies erst war der entscheidende Schritt, um aus der „Petrefaktenkunde" eine richtige Wissenschaft, die Paläontologie, zu machen.

Es scheint, daß schon Lionardo da Vinci (1452 bis 1519) diesen Zusammenhang kannte, wenigstens für eine begrenzte Region; denn er beobachtete in Oberitalien bei den zahlreichen Festungsbauten, an denen sein konstruktives Genie beteiligt war, die gesetzmäßig wiederkehrende Aufeinanderfolge von Schichtungen mit gleichem Fossilinhalt auf größere räumliche Erstreckung hin. Freilich eine allgemeine wissenschaftliche Paläontologie war dies noch nicht. Sie setzte erst ein mit den auch heute noch grundlegenden Werken von J. und C. Sowerby, „Mineral Conchology of Great Britain" (6 Bde., London 1812—29), A. d'Orbigny, „Paléontologie française" (5 Bde. m. Atl., Paris 1840—55), G. Cuvier, „Récherches sur les Ossemens fossiles" (1. Aufl. 4 Bde., 1812; 4. Aufl. 10 Bde., 2 Atl., Paris 1834—36), C. H. v. Zieten, „Die Versteinerungen Württembergs" (Fol. Stuttgart 1830—34), A. Goldfuß, „Petrefacta Germaniae" (Fol. mit Atl., Düsseldorf 1826), H. G. Bronn, „Lethaea geognostica" (2 Bde. m. Atl., Stuttgart 1835—38), — um nur weniges zu nennen. Von besonderer Wichtigkeit war es gewesen, daß der englische Ingenieur W. Smith, damit weit über Lionardos Erkenntnis hinausgehend, am Ende des

18. Jahrhunderts die allgemeine Bedeutung der Tatsache eines gesetzmäßigen zeitlichen Vorkommens der Versteinerungen grundsätzlich feststellte. Es geschah dies in idealem Zusammenklang mit der damals besonders in Deutschland sich anbahnenden Erkenntnis, daß die Schichtsysteme der Länder gewisse regelmäßige, überall nachweisbare „Systeme" oder „Formationen" bilden, womit auch eine wissenschaftliche Geologie, d. h. eine Lehre von dem Bau und den Lagerungsverhältnissen der Erdrinde erwachte. Diese Entdeckung und ihr erster Ausbau knüpft sich an die Namen G. A. Werner (1750—1815), der als Professor des Bergbaues in Freiberg zuerst die Gliederung der Formationen in Urgebirge, Übergangsgebirge, Flözgebirge und aufgeschwemmtes Gebirge gab und alle Gesteine der Erdrinde ihrem Entstehungsalter nach darin eingliederte; Füchsel (1722—73), der für Thüringen dann das „Übergangs- und Flözgebirge" weiter gliederte und auch die für die einzelnen Schichten und Lager bezeichnenden Fossilien angab; auch andere Forscher, unter denen die Namen A. v. Humboldt und L. v. Buch hervorragen. Durch die Arbeiten aller dieser Forscher, denen sich in England u. a. noch A. Sedgwick (1785—1873), R. I. Murchison (1792—1871) sowie W. D. Conybeare und J. Phillips (1800—1874) anschließen, wurden die Schichtungen der Erdrinde immerhin schon so weit gegliedert, daß nun die Grundlage geschaffen war zu einem Überblick über das gesetzmäßige zeitliche Auftreten der Versteinerungen von den tiefsten Lagen bis zu den höchsten.

Unterdessen war von einer anderen Seite her gleichfalls eine wissenschaftliche Grundlage für die Versteinerungskunde gewonnen worden, und zwar durch Cuvier, den wir oben schon beiläufig nannten. Er war der Begründer der vergleichenden Anatomie der lebenden Tiere, einer Spezialwissenschaft, deren Inhalt der streng durchgeführte Vergleich des Körperbaues der verschiedenen Formen des Tierreiches und damit die Feststellung der inneren morphologischen „Verwandtschaft" der Gattungen ist. Indem nun Cuvier diese Methode auch auf die fossilen Formen, insbesondere auf die Reste der Wirbeltiere ausdehnte, gelang es ihm, den gesetzmäßigen Zusammenhang im Körperbau der Vorweltlichen mit den Lebenden darzutun und so endgültig das Fossil dem Lebenden anzugliedern. Damit erst war die Paläontologie zu einer sinnvollen methodischen Wissenschaft geworden.

Aber, wie man sieht, hatte sich damit von Anfang an die Fossilienkunde sozusagen in zwei Lager geteilt, weil sie von zwei Wurzeln ausgegangen war. Die eine Richtung beschrieb und benützte die Fossilien rein im stratigraphischen Sinn, um mit ihnen die Schichtlager und Zeitstufen festzulegen; die andere arbeitete im anatomischen Sinn und suchte die Fossilien als ehemalige Lebewesen zu deuten und, soweit möglich, zu rekonstruieren. Auch heute noch stehen sich beide Richtungen vielfach getrennt gegenüber, oft in ein und derselben Forscherpersönlichkeit, teils sich unterstützend, teils aber auch sich in ihren Absichten gegenseitig störend, weil häufig die Stratigraphie es nötig hat oder glaubt, es nötig zu haben, die Artbeschreibungen bis in solche geistlose Einzelheiten hineinzutreiben, daß der biologische Sinn und Zusammenhang verlorengeht; während die biologisch gerichtete Paläontologie oft zu einer ganz entgegengesetzten Auffassung von dem systematischen Wert äußerer Formeinzelheiten und damit der Formbeschreibungen gelangt, und so entweder das von der Stratigraphie gebotene und zerpflückte Material nicht gebrauchen, aber auch umgekehrt dieser Spezialwissenschaft für sie geeignetes Material nicht liefern kann. Es wird einer künftigen zusammenfassenden und kritisch sichtenden Arbeit bedürfen, um die Fossilienkunde aus diesem Bann zu lösen und sie damit erst zu einer einheitlichen Wissenschaft zu machen.

Am unabhängigsten von geologischen Zwecken und damit von einer unwissenschaftlichen Entstellung blieb die Paläontologie von Anfang an nur auf dem Gebiet der Wirbeltierkunde. Hier hatte die überragende Autorität Cuviers durch Begründung der streng durchgeführten vergleichenden Anatomie von vorneherein dem spielerischen morphologisch-systematischen Zergliedern der lebendigen Formen den Boden entzogen und den fossilen Organismus eben als einen Organismus, nicht als eine mathematische Figur ansehen gelehrt.

Daß er ein strenger Verfechter der Katastrophenlehre war, wonach jeweils weitreichende Umwälzungen in ganzen Ländern die Tier- und Pflanzenwelt zerstört hätten, worauf dann wieder teils durch Neuentstehung, teils durch Einwanderungen aus verschont gebliebenen Gegenden der Erde sich in den katastrophal betroffenen Regionen neue Lebewelten konstituierten, war kein Hinderungsgrund, sondern eher ein Förderungsmittel, die einzelne Tierform als solche, noch unbeeinflußt von den später auch nicht immer günstig wirkenden stammesgeschichtlichen Verschwommenheiten, zu behandeln und zu beschreiben. So wurde Cuvier nicht nur der Begründer der vergleichenden Anatomie überhaupt, sondern auch der einer wirklich selbständigen Paläontologie, bei der die Stratigraphie nicht Selbstzweck sein durfte, sondern Mittel zum Zweck sein mußte.

Während der ersten Hälfte des 19. Jahrhunderts bis etwas über die Mitte blieb nun die Paläontologie auf diesem ihr sowohl von Cuvier wie von den zuvor genannten übrigen Forschern gewiesenen Pfaden, d. h. sie war teils zoologische Fossilienbeschreibung, teils aber auch reine Leitfossilienkunde und war in der Gewinnung neuer Gesichtspunkte kaum irgendwie über diese Grenzziehung hinübergeschritten.

In eine ganz neue Stellung innerhalb der Naturwissenschaft rückte sie aber durch die Anerkennung der natürlichen, stammbaummäßigen Entwicklung des Tier- und Pflanzenreiches, worin Darwins Lehre bahnbrechend geworden war. Denn sofort wurde damit den fossilen Überresten als den wirklichen Vorläufern und Ahnen der heutigen Lebewelt das größte Interesse zuteil; durfte man doch von ihnen nun unmittelbar die Lösung entscheidender deszendenztheoretischer Fragen erwarten. Um so dringlicher war nun der systematisch-anatomische Anschluß der Fossilienkunde an die Formbeschreibung und Einteilung der Lebenden geworden. Denn nur durch eine Bearbeitung des Fossilmaterials nach den für die Anatomie der jetztweltlichen Formen maßgebenden Gesichtspunkten konnte es so durchdrungen werden, daß es für stammesgeschichtliche Untersuchungen und Entscheidungen brauchbar wurde. Diese Arbeit hat wesentlich

K. A. Zittel in München († 1904) geleistet, der in seinem 1876—1883 erschienenen „Handbuch der Paläontologie" das ganze damalige Wissen von den Fossilien zusammenfaßte, die Formen in das System der Lebenden eingliederte, dieses auf Grund des Fossilmaterials sinngemäß erweiternd oder umbauend. In diesem Sinn kann man Zittel wohl den Linné der Paläontologie nennen. Denn von da ab konnte nur noch eine zoologisch-systematische Durcharbeitung des Fossilmaterials als wissenschaftliches Verfahren bei der Beschreibung der Funde gelten und so erst ein brauchbares Material bereitgelegt werden, auf Grund dessen nunmehr, über die reine Systematik hinausgehend, die Paläontologie auch in eine wirklich biologische Wissenschaft mehr und mehr hinübergeführt werden kann.

Den entscheidenden Schritt dazu hatten schon Cope und Kowalevsky in früheren Jahrzehnten getan, als sie versuchten, die Umwandlung innerhalb der Typen (z. B. Pferdereihe, S. 151) als Anpassung an veränderte Lebensbedingungen und damit als Wandlung der Lebensweise darzutun. So hatte Kowalevsky u. a. gezeigt, daß bei der Fußumwandlung der Huftiere zwei Arten von Reduktion eintreten: die eine, repräsentiert durch das frühtertiärzeitliche Anoplotherium und andere alttertiäre Formen, bei denen die Rückbildungsprodukte unter die Fußwurzeln gedrängt wurden, was als eine ungeeignete oder, wie Abel sie nennt: „fehlgeschlagene" Anpassung erscheint; ihr steht gegenüber, was uns die Paarhufer seit der Tertiärzeit zeigen: der völlige Schwund der Seitenzehen und damit die völlige Aufrichtung des Fußes, wodurch diese Tierformen auf den Zehenspitzen gehen und springen können.

Durch diese und andere Betrachtungen entwickelte sich allmählich eine mehr biologische Einstellung auf die Vorweltformen, die sich zunächst nur schüchtern und versuchsweise da und dort hervorwagte, bis Dollo in Brüssel sie auf eigene Weise dadurch belebte, daß er aus den Körperformen unmittelbare Schlüsse auf die Lebensweise zu ziehen suchte (Kap. II, 3). Durch ihn angeregt, griff dann um die Jahrhundertwende Abel in Wien grundsätzlich die biologische Methode auf und zeigte in grundlegenden Arbeiten den Zusammenhang zwischen vergleichender Anatomie, Biologie und Stammesgeschichte auf, so daß wir heute von einer vollentwickelten paläobiologischen Forschung sprechen dürfen. Diese erstreckt sich auch auf die wirbellosen Tiere, hat sich hier aber sozusagen in zwei Richtungen gespalten. Wie oben schon erwähnt, war die Paläontologie der Wirbeltiere von jeher unabhängiger von den Forderungen der reinen Geologie, welche die wirbellosen Tiere stets als Leit- und Faziesfossilien beanspruchte. So ist auch die Paläobiologie der niederen Tiere heute teilweise schon biologisch gerichtet, teilweise aber dient sie immerfort noch den rein stratigraphischen Zwecken der Zeitbestimmung der Schichten, in welcher Form sie die Literatur schwer belastet und nur wenig Entscheidendes zur Förderung einer rein biologischen Forschung beiträgt. Andererseits aber dienen gerade die wirbellosen niederen Tiere eben wegen ihrer Häufigkeit nun immer mehr dazu, den ehemaligen Charakter der Ablagerungsgebiete zu ermitteln. Alles dieses zusammen aber bietet erst eine vollständige Auswertungsmöglichkeit des fossilen Materials, und dazu kommen neuerdings einsetzende gründliche Studien der Lebensräume und Ablagerungsgebiete und Lebensweise der jetztlebenden Formen, worin die Arbeiten R. Richters besonders an der Nordsee vorbildlich sind.

In allen Kulturländern bestehen heute geologische Forschungsanstalten, in denen die Schichten nach Lagerung und Fossilinhalt intensiv durchforscht werden, so daß sich das Bild der Verteilung des ehemaligen Lebens über den Erdball hin immer mehr rundet. Allen voran aber stehen die Nordamerikaner, die, ausgestattet mit reichen Mitteln, in ihrem eigenen Lande, aber auch neuerdings in Asien Forschungsexpeditionen ausrüsten und planmäßig bestimmte Schichten und Vorkommen abbauen und durchsuchen. Was uns von drüben an Fossilbeschreibungen und Fossilrekonstruktionen schon zugekommen ist und immer noch zukommt, ist unschätzbar wertvoll. Hier sind vor allem Namen wie Cope, Osborn, Walcott, Matthew zu nennen.

Die um die Mitte des 19. Jahrhunderts aufgekommene natürliche Abstammungslehre hat gleichfalls in der paläontologischen Forschung eine bedeutende Rolle gespielt. Lag doch das zeitlich geordnete Material von den ältesten Epochen bis heute leibhaftig vor, und wenn irgendwo, so mußten hier die Ahnen und die Entwicklungsglieder der Typen und Gattungen gefunden werden. Forscher wie W. Waagen und M. Neumayr in Wien suchten vor allen Dingen in der Aufeinanderfolge der niederen Tiere Schicht um Schicht, Zeitstufe um Zeitstufe die allmähliche Umwandlung der Arten im Sinne der darwinistischen Stammbaumlehre zu erweisen, und diese Methode wurde auch besonders von M. Schlosser in München in zahlreichen grundlegenden Arbeiten über fossile Säugetiere angewendet, um ein Bild der Entwickluung des höheren Wirbeltierreiches mit Einschluß Menschen zu gewinnen.

Es ist indessen bezeichnend, daß gerade die Darwinische Form der Entwicklungslehre auf paläontologischem Boden weniger Anklang gefunden hat als die Lamarckische Lehre von der unmittelbaren Bewirkung einer Umwandlung durch äußere Umstände und dadurch hervorgerufene Lebensbedürfnisse. Die korrelative Geschlossenheit bei Umwandlung eines Organes mit der Gesamtumwandlung des Körpers sprach entscheidend dafür, daß die Veränderung der Lebewelt innerhalb des einzelnen Formtypus kein äußerlich bedingter Ausleseprozeß ist, sondern in der organischen Formbildung als solcher beschlossen liegt. Die Idee der natürlichen Auslese, welche den Kerngehalt des Darwinismus ausmachte, bestätigt sich auf paläontologischem Gebiet jedoch darin, daß immerfort durch die Entstehung neuer Gruppen und biologischer Typen, wie auch durch die verschiedenartige Umwandlung in einem und demselben Typus Konkurrenten im Kampf ums Dasein, um Nahrung, Licht und Lebensraum den früheren erwuchsen; daß ferner auch innerhalb desselben Typus günstiger und weniger günstige Spezialisierungen sich entwickeln (S. 174). Nach den paläontologischen Tatsachen scheint es, als ob alle die verschiedenen Entwicklungstheorien zwar nicht umfassende, aber besondere, den Tatsachen der erdgeschichtlichen Vergangenheit gerecht werdende Momente haben, die zusammen erst mit der Zeit zu einer umfassenderen Anschauung verwoben werden müssen. Oft schließen sich, wie es in jeder Wissenschaft ist, einzelne Erklärungen aus. Gewinnt man aber einen größeren und sicherer gegründeten Überblick, so zeigt sich oft, daß Gedanken und Spezialerklärungen, die sich im Einzelfall zu widersprechen scheinen, ins Ganze verwoben und an ihren richtigen Platz gerückt, miteinander bestehen. So macht es auch den Eindruck, als ob die Entwicklung des vorweltlichen Lebens Raum ließe für alle die bisherigen, aus einem zu eng begrenzten Tatsachenkomplex gewonnenen Entwicklungslehren, von denen keine das Ganze richtig erklärt, von denen aber jede an ihrer Stelle wertvolle Bausteine zu einem künftigen festeren Lehrgebäude liefert.

2. Erdgeschichtliche Zeittabelle. Überblick über

I. Formationstabelle[1]).

Weltalter (Ära)	Periode	Epoche	
Känozoische Gruppe (Erdneuzeit)	Quartär-Formation (System)	Alluvium	
		Diluvium (Pleistocän)	
	Tertiär-Formation	Jung-tertiär	Pliocän
			Miocän
		Alt-tertiär	Oligocän
			Eocän
			Paleocän
Mesozoische Gruppe (Erdmittelalter)	Kreide-Formation	Obere Kreide	
		Untere Kreide	
	Jura-Formation	Oberer (weißer) Jura, Malm	
		Mittlerer (brauner) Jura Dogger	
		Unterer (schwarzer) Jura Lias	
	Trias-Formation	Obere Trias (Keuper)	
		Mittlere Trias (Muschelkalk)	
		Untere Trias (Buntsandstein)	
Paläozoische Gruppe (Erdaltertum)	Perm-Formation (Dyas)	Zechstein	
		Rotliegendes	
	Karbon-Formation (Steinkohlen)	Oberkarbon	
		Unterkarbon	
	Devon-Formation	Ober-Devon	
		Mittel-Devon	
		Unter-Devon	
	Silur-Formation	Ober-Silur	
		Ordovicium	
	Kambrische Formation (Cambrium)	Ober-Cambrium	
		Mittel-Cambrium	
		Unter-Cambrium	
Archäozoische=Eozoische Gruppe (Präcambrium, Proterozoikum Algonkium).		Erdurzeit	
Azoische Gruppe = Archäikum, Urgebirge			

[1]) Zur Erläuterung der Formations- und Stufennamen auf der Zeittabelle sei ausdrücklich bemerkt, daß sie alle nur den Zeitabschnitt als solchen bezeichnen wollen. Ist jede Zeit auch materiell repräsentiert durch Schichten, aus denen allein sie ermittelt wurde, so bedeuten doch Ausdrücke wie „Muschelkalk", „Buntsandstein", „Kreide" in der Tabelle nicht etwa die Gesteine dieses Namens. Denn wie heute sich an verschiedenen Stellen der Erde gleichzeitig verschiedenstes Gesteinsmaterial zersetzt und wieder ablagert, so auch in der Vorwelt. Die „Kreidezeit" ist nur an einer einzigen Stelle der Erde durch „Kreide" charakterisiert: in Nordwesteuropa. Überall sonst ist sie vertreten durch Sandsteine, Kieselschiefer, Massenkalke und vieles andere. Ebenso die übrigen genannten Zeitstufen. Sie haben ihren Namen bloß daher, daß man sie zuerst in jenen spezifischen Gesteinsbildungen erkannte und gründlicher studierte. Wieder andere Namen stammen von Landschaften, in denen sie zuerst aufgefunden und erforscht wurden; so Devon, Perm, Jura. Auch die Namen uralter Einwohner solcher Landschaften wurden verwendet: Rhätier, Kambrier, Silurer. Trias bedeutet dreigeteilte Formation, Dyas zweigeteilte. Tertiärzeit stand früher einer Sekundärzeit (Erdmittelalter) und einer Primärzeit (Erdaltertum) gegenüber. Die Stufen des Tertiärs sind griechische Wortbildungen (z. B. eo — kainos = früh — neu). Lias ist eine Verbalhornung des engl. layers, Schichten; Keuper ist ein thüringischer Lokalausdruck, der bunte Schichten bedeutet, usw.

die Entfaltung des Tier- und Pflanzenreiches.

II. Erdgeschichtliche Zeittabelle.

Nach den Tieren:		Beschreibung			Nach den Pflanzen:
Käno-zoikum	Jetztzeit $\}$ Quartär- +△Diluvialzeit$\}$ zeit V△ Jung- $\}$ Tertiär- Alt- $\}$ zeit	Historische Menschenzeit $\}$ Keine wesentliche Änderung der Steinzeiten, fossil $\}$ Tier- und Pflanzenwelt Zeitalter der Säugetierherrschaft und der Blütenpflanzen	Hauptzeit der bedeckt- samigen Pflanzen	Hauptzeit der Säuge-tiere	Neo-phytikum
Meso-zoikum (Sekundär-zeit)	△ Kreidezeit	Erste Laubbäume und bedecktsamige Blütenpflanzen			Meso-phytikum
	Jurazeit	Erster Vogeltypus. Erscheinen der tannenartigen Nadelhölzer	Hauptzeit der Nadelhölzer	Hauptzeit der Reptilien	
	Triaszeit	Sichere Spuren ältester Säugetiere			
Paläo-zoikum (Primär-zeit)	+V Dyas- od. Permzeit	Erste Nadelhölzer. Wahrscheinl. Entstehung d. Säugetiertypus		Hauptzeit der Amphibien	Paläo-phytikum
	△ Steinkohlenzeit	Erste Amphibien und Reptilien (Landbewohner)	Hauptzeit der kryptogamen Pflanzen		
	V Devonzeit	Vermutlich erste Bildung von Vierfüßlern		Panzer-fischzeit	
	△ Silurzeit	Nur Fische und niedere Tiere			
	+ Kambrische Zeit	Älteste sicher deutbare Tierwelt, niedere Formen			
Eozoikum	+V Präkambrische Zeit	Leben nur in Spuren nachgewiesen	Sehr lange Zeiträume im Vergleich zu den lebensgeschichtlichen oberen Epochen		Urzeit für Tiere und Pflanzen
Azoikum	△V Archäische Zeit	Urzeit der festen Erdkruste. Leben nicht sicher nachgewiesen			
	△ bedeutet starke Faltengebirgsbildungen + bedeutet Eiszeiten V bedeutet starken Vulkanismus				

3. Zusammenfassende Bücher.

O. Abel, Grundzüge der Paläobiologie der Wirbeltiere. Stuttgart 1912.
— Lebensbilder aus der Tierwelt der Vorzeit. 2. Aufl. Jena 1927.
— Geschichte und Methode der Rekonstruktion vorzeitlicher Wirbeltiere. Jena 1925.
— Lehrbuch der Paläozoologie. 2. Aufl. Jena 1924.
— Die Eroberungszüge der Wirbeltiere in die Meere der Vorzeit. Jena 1922.
— Methoden der paläobiologischen Forschung. (Aus: Handbuch der biologischen Arbeitsmethoden v. E. Abderhalden. Abt. X. Liefg. 35.) Berlin 1921.
E. Dacqué, Biologische Formenkunde der fossilen niederen Tiere. Berlin 1921.
W. Deecke, Die Fossilisation. Berlin 1923.
Ch. Depéret, Die Umbildung der Tierwelt. Deutsch v. R. N. Wegner. Stuttgart 1909.
C. Diener, Grundzüge der Biostratigraphie. Wien 1925.
W. R. Eckardt, Die Paläoklimatologie, ihre Methoden und ihre Anwendung auf die Paläobiologie. (Aus: Handbuch der biologischen Arbeitsmethoden v. E. Abderhalden. Abt. X. Liefg. 48.) Berlin 1921.
W. Gothan, Paläobiologische Betrachtungen über die fossile Pflanzenwelt. Berlin 1924.
M. Hirmer, Handbuch der Paläobotanik. Bd. I. München 1927. Bd. II im Erscheinen.
H. F. Osborn, The Age of Mammals. New York 1910.
H. Potonié, Lehrbuch der Paläobotanik. 2. Aufl. Bearb. v. W. Gothan. Berlin 1921.
W. Salomon, Grundzüge der Geologie. Bd. II. Erdgeschichte. Stuttgart 1925—26. (Dortselbst Übersichten über die Entwicklung der Lebewelt in den einzelnen Epochen. Insbesondere die Abschnitte über die Entwicklung der Tiere und Pflanzen v. Fr. Broili und H. Salfeld.)
E. Stromer v. Reichenbach, Lehrbuch der Paläozoologie. 2 Teile. Leipzig 1909 u. 1912
— Paläozoologisches Praktikum. Berlin 1920.
J. Walther, Allgemeine Paläontologie. Berlin 1919—27.
— Geschichte der Erde und des Lebens. Leipzig 1908.
J. Weigelt, Rezente Wirbeltierleichen und ihre paläobiologische Bedeutung. Leipzig 1927.
K. A. Zittel, Grundzüge der Paläontologie. I. Teil: Invertebrata. Bearb. v. F. Broili. 6. Aufl. München 1924. II. Teil: Vertebrata. Bearb. v. F. Broili u. M. Schlosser. 4. Aufl. München 1923.

Spezielle Fossilbestimmungsbücher für einzelne Gegenden oder Formationen.

Th. Engel, Geognostischer Wegweiser durch Württemberg. 2. Aufl. Stuttgart 1907. (Vergriffen!)
— Geologischer Exkursionsführer durch Württemberg. Stuttgart 1921. (2. Aufl.)
E. Fraas, Der Petrefaktensammler. Stuttgart 1910.
K. Wanderer. Die wichtigsten Tierversteinerungen aus der Kreide Sachsens. Jena 1909.
K. Hucke, Die Sedimentärgeschiebe des norddeutschen Flachlandes. Leipzig 1928.
M. Schmidt, Die Lebewelt unserer Trias. Öhringen 1928.

Sachverzeichnis.

Abdruck des Weichkörpers 8, 16, 25, 40.
Ablagerungsgebiete 7, 85, 175.
Abstammungslehre 66, 173, 176.
Algonkische Zeit 89, 127, 133.
Altersbestimmung 78 ff., 83 ff.
Altersfeststellung von Typen 167.
Älteste Pflanzen 136.
— Säugetiere 153.
— Vögel 153.
Ältestes Leben 132.
Ammoniten 29, 31, 68 ff., 82, 121 ff., 143, 163.
Amphibien 137, 139.
Änderungen, astronomische 120.
Anpassung 99 ff., 174.
Anpassungsreihen 154 ff.
Archaeopteryx 153.
Archaikum 89, 132.
Ausgrabungen 44, 58.

Bakterien, fossile 148.
Baustile, organische 165.
Belemnitenschlachtfelder 34.
Bernstein 17, 28.
Bestimmen der Fossilien 65 ff.
Biologischer Zeitcharakter 82, 165.
Bohrmuschelriffe 131 f.
Brückenechse der Jurazeit 129 f.

Chemische Präparation 55.
Chirotherium, Rekonstruktion 95 ff.

Darwinismus 173, 176.
Dauer, absolute der Epochen 89.
Dendriten 4.

Devonzeit 107, 126, 136.
Diagenese 17, 22.
Diluvianer 168.
Diplodocus, Rekonstruktion 91 ff.
Dubia 65, 71, 133.
Dünnschliffe 49 ff.
Dyaszeit 126, 138.

Einbettung, gewöhnliche 12, 13.
—, katastrophale 19, 267.
Einzelfunde 42, 43, 159.
Eiszeiten 111, 119, 127.
Elefantiden 60, 113.
Entstehung, mehrfache 87.
Entstehungszentren 114 ff.
Entwicklung, älteste 132 ff., 146, 158.
— u. Klimawechsel 144 ff.
—, Gesetzmäßigkeiten 146 ff.
—, Schnelligkeit 87 f., 149 f., 161.
— u. Stammbaum 66, 150, 167.
Entwicklungsreihen 150 ff.
Erdgeschichte, allgemein 8 ff.
—, Definition 12.
Erhaltungszustand 14, 61.
Erdkruste, Umsetzungen 9 ff.

Fährten 25, 27, 95.
Fälschungen 5, 17.
Farbenerhaltung 20, 31.
Fazies 11, 86.
Feuersteinwerkzeuge 6.
Fischechse 52, 53, 102, 105.
Flugechse 19, 141, 166.
Formationen 171.
Formationstabelle 80, 178.

Fossil, Begriff 2 ff., 6 ff., 167.
Furchensteine 4.
Fußspuren 25, 27, 95.

Gesetzmäßigkeiten der Entwicklung 146 ff.
Gehirne, fossile 30.
Gleichsinnige Entwicklung 114 ff.
Graptolithen 72, 122.
Größenzunahme 159.

Härten der Fossilien 44.
Haut, fossile 17.
Höherentwicklung 147 ff.
Homotaxe Schichten 87.
Hornsubstanz 15, 16.

Jahresringe 110.
Jurazeit 17 ff., 53, 117, 126, 140.

Känozoikum 89.
Kambrische Zeit 40, 135.
Karbonzeit 126, 137, 149.
Katastrophen 28.
Katastrophenlehre 173.
Kieselholz 25.
Kieselsubstanz 17, 23.
Klima, vorweltliches 119, 126 ff., 135, 144 ff.
Knorpelfisch 51.
Knorpelsubstanz 15.
Kohlenlager 25, 137.
Konkretionen 2.
Kontinente der Vorwelt 108, 112, 113, 120.
Koprolithen 27.
Korallenriffe 23, 38, 106, 116, 127, 131.
Körperform und Lebensweise 97 ff.
Körpergröße 105, 106, 116, 159.
Kotversteinerungen 27.
Krebse 27, 32 (s. Trilobiten).
Kreidezeit 118, 141.

Lamarckismus 176.
Landverbindungen 112, 120.
Lebensanfang 2.
Lebensbilder, vorweltliche 104.
Lebensdauer der Arten 81, 149, 151, 164.
Lebensgemeinschaft, fossile 39 ff.

Lebensraum der Fossilien 108, 111 ff.
Lebensräume, Änderungen 108 ff.
Lebensweise der Fossilien 97 ff.
— und Körperform 97 ff.
Leitfossil 80 ff, 165, 166.
Liasschiefer 19, 20, 52.
Libelle 18.
Liesegangsche Ringe 3.
Linnésches System 66.
Lithographenkalke 16, 17 ff.
Lückenhaftigkeit der Überlieferung 35, 43.
Lügensteine 4, 5.

Mammutleiche 16.
Massenansammlung 33.
Meeresströmung, vorweltliche 125.
Menageriebilder 104.
Menschenreste 6
Metamorphose 22.
Mesozoikum 89.
Mischtypen 153.
Montierung von Skeletten 57 ff.
Muschelkalke 33 ff.
Muscheln 29, 33, 97, 162.
Muskelsubstanz, fossile 17.

Namengebung 77.
Nautiliden 69, 127, 155, 165.
Nichtumkehrbarkeitsgesetz 164.
Nordland, altes, rotes 108.
Nummulitenverbreitung 125.

Paläobiologie 64, 174.
Paläontologie, Definition 1.
Paläozoikum 89.
Panzerfische 107, 165.
Parallelisierung von Schichten 79, 84.
Permzeit 126, 138.
Pferdereihe 151, 160.
Pflanzen, fossile 26.
Polflucht 127.
Polverschiebungen 119, 121.
Präparation 42 ff.
Problematica 65, 71, 133.
Pseudofossilien 2 ff.

Qualle 18.
Quartärepoche 127.

Reiche, biogeographische 117 ff.
Rekonstruktionen von Fossilien 57 ff., 90 ff.
— von Land und Meer 111 ff.
Relikten 88, 108 ff.
Rhätstufe 84.
Riesenformen 21, 159.
Rückläufigkeit der Entwicklung 164.
Rudistengürtel 124.

Saurier 21, 58, 62, 91 ff.
Schalenstrukturen 30 ff.
Schlämmen 54.
Schichtenbildung 9 ff., 78.
Schneckenentwicklung 157, 162.
Schwimmform des Wirbeltieres 53, 73, 102, 105.
Sedimentationszonen 6 ff., 85.
Seelilien 41, 47, 100, 107.
Seeschlange 142.
Sekundäre Lagerstätte 36.
Silurzeit 126, 135.
Skelett von Wirbeltieren, Erhaltung 15, 21, 73.
Sortierung von Schalen 37.
Spezialisation 161 ff.
Spezialisationskreuzung 152.
Stammbaum 66, 150, 167.
Stammreihen 154 ff.
Steinkerne 28, 29.
Stufenreihen 154 ff.
Sündflutlehre 168.
Synchrone Schichten 87.
System, natürliches 148, 167.

Tertiärzeit 117, 127, 143.
Tethysmeer 123, 126.
Tiefseebesiedelung 109, 129.
Tiefseebewohner 99, 109.

Triaszeit 126, 139.
Trilobiten 32, 81, 99, 135, 165.

Übergangsformen 153.
Ultraviolette Bestrahlung 56.
Umwandlung von Fossilien 22 ff.
Unica 42, 159.
Urmensch 5.
Urraubtiere 97, 98.
Urvogel 153.

Variationsreihen 156 ff.
Verbreitung der Arten 82, 87, 113.
Verkieselung 23.
Verkohlung 6, 25.
Verschiebung der Kontinente 120.
— der Pole 119, 121.
Verschwinden von Tierformen 37 ff.
Versteinerung, Begriff 2 ff.
Verzerrungen 22.
Vielstämmigkeit 67.
Vorweltlich, Begriff 7, 8.
Vulkanische Einbettung 13, 20, 27.

Wachsmodelle 51.
Wanderungen von Tieren 87, 113 ff., 173.
Wealdenformation 20.
Weichteile, fossile 8, 15 ff., 25, 40.

Zeitalter, Tier- und Pflanzenformen 132 ff., 179.
Zeitbestimmung der Fossilien 78 ff.
Zeitdauer, absolute 89, 161.
Zeitformenbildung 82, 165.
Zeitstufen 79, 178.
Zeittabelle 80, 86, 171, 178.
Zerstörung.
Zonen, geographische 121.
Zufallsfunde 42.

MIX
Papier aus verantwortungsvollen Quellen
Paper from responsible sources
FSC® C105338

If you have any concerns about our products,
you can contact us on
ProductSafety@springernature.com

In case Publisher is established outside the EU,
the EU authorized representative is:
**Springer Nature Customer Service Center GmbH
Europaplatz 3, 69115 Heidelberg, Germany**

Printed by Libri Plureos GmbH
in Hamburg, Germany